W0260195

FORSCHUNGSERGEBNISSE
DES VERKEHRSWISSENSCHAFTLICHEN INSTITUTS
AN DER TECHNISCHEN HOCHSCHULE STUTTGART
HERAUSGEGEBEN VON PROF. DR.-ING. WALTHER LAMBERT
HEFT 18

NAHVERKEHRSBAHNEN

DER GROSSTÄDTE

RAUM- UND KOSTENPROBLEME DER VERTIKALEN AUFLOCKERUNG

Von

Prof. Dr.-Ing. WALTHER LAMBERT

Mit 42 Abbildungen

SPRINGER-VERLAG
BERLIN / GÖTTINGEN / HEIDELBERG
1956

Additional material to this book can be downloaded from http://extras.springer.com

ISBN 978-3-642-52774-6   ISBN 978-3-642-52773-9 (eBook)
DOI 10.1007/978-3-642-52773-9

ALLE RECHTE, INSBESONDERE DAS DER ÜBERSETZUNG
IN FREMDE SPRACHEN, VORBEHALTEN.

OHNE AUSDRÜCKLICHE GENEHMIGUNG DES VERLAGES IST
ES AUCH NICHT GESTATTET, DIESES BUCH ODER
TEILE DARAUS AUF PHOTOMECHANISCHEM
WEGE (PHOTOKOPIE, MIKROKOPIE)
ZU VERVIELFÄLTIGEN.

(c) BY SPRINGER-VERLAG OHG., BERLIN/GÖTTINGEN/HEIDELBERG 1956.

§§Vorwort§§

Im Vorwort zum Heft 15 der Forschungsergebnisse des Verkehrswissenschaftlichen Instituts hat der Gründer und langjährige Leiter des
Instituts,Professor Dr.-Ing.,Dr.rer.pol.h.c.,Dr.-Ing.E.h. C.Pirath,
darauf hingewiesen, dass die Grundlagen des vor 25 Jahren nur für
verkehrswirtschaftliche Aufgaben der Luftfahrt eingerichteten
Institutes verbreitert wurden, indem neben der weiteren Pflege des
Luftverkehrs auch die übrigen Verkehrsmittel in den Forschungsbe-
reich des Instituts einbezogen sind.

Im Verfolg dieser Erweiterung gab Pirath im Mai 1954 das Heft 16
heraus, das sich unter dem Thema "Die Verkehrsteilung Schiene und
Straße in landwirtschaftlichen Gebieten und ihre volkswirtschaftliche Bedeutung"mit der Zusammenarbeit der Verkehrsmittel in ver-
kehrsschwachen Gebieten befaßte.

Während das nächste Forschungsheft "Voraussetzungen und Möglich -
keiten des Hubschrauberverkehrs", dessen Herausgabe Pirath leider
nicht mehr erleben durfte, die Unterverteilung des Verkehrs in der
Luft behandelt, soll das vorliegende Heft 18 der Zusammenarbeit
der Verkehrsmittel und einer rationellen Verkehrsteilung in den
verkehrsstärksten Gebieten,vor allem in den Innenbezirken der Großstädte, gewidmet sein.

Es werden die Voraussetzungen und Möglichkeiten zu einer allgemeinen Leistungssteigerung der knappen innerstädtischen Verkehrsflächen aufgezeigt und es wird über ein erstes Teilergebnis aus einem
größeren Untersuchungsprogramm zur Feststellung der Möglichkeiten
einer Neuordnung und Modernisierung der großstädtischen Nahver -
kehrsbahnen berichtet. Die vorliegende Untersuchung ist als grund-
sätzlicher Beitrag für die Praxis des Verkehrsplaners bestimmt.
Sie soll dazu beitragen, schon vor der Aufstellung von Einzelentwürfen für die Umgestaltung von Nahverkehrsbahnen und Netzen Fragen nach den Anlagekosten und der zukünftigen Mehrbelastung der
Leistungseinheit zu klären, mit dem Ziel, die unter wirtschaftlichen Gesichtspunkten noch möglichen Bahnarten (Schnellstraßenbahn,
U-Bahn, S-Bahn), Raumlagen (Niveau-, Hoch-, Tiefbahnen) und Netzlängen einzugrenzen.

Bei der Durchführung der Untersuchung haben Ingenieur W.Seifert
von der Bundesbahndirektion Stuttgart und Reichsbahnamtsrat i.R.
H.Dreyling vom Institut wertvolle Mitarbeit geleistet.

Der Vereinigung von Freunden der Technischen Hochschule Stuttgart
sei an dieser Stelle für die Beihilfe zur Drucklegung der Untersuchung besonderer Dank ausgesprochen.

Das nächste Forschungsheft wird voraussichtlich ebenfalls Grund-
probleme des öffentlichen Nahverkehrs in den Großstädten, vor allem eine Analyse der Geltungsbereiche und Einsatzgrenzen der verschiedenen öffentlichen Verkehrsmittel in Abhängigkeit von der
Verkehrsmenge und Leistungsfähigkeit, behandeln.

Der Springer-Verlag, Berlin, der bisher die Forschungshefte ver-
legte, hat sich in entgegenkommender Weise bereit erklärt,den Ver-
lag auch dieses Heftes zu übernehmen.

Stuttgart, im Juni 1956   Walther Lambert

1. Das großstädtische Verkehrsproblem

Pirath leitete seine letzte Veröffentlichung "Das Grundproblem des öffentlichen Personen-Nahverkehrs in europäischen Großstädten und seine Lösungsmöglichkeiten"[1] mit den Worten ein:"Von manchen Seiten wenden sich Ankläger und Kritiker gegen die Lage im grossstädtischen Verkehr und wollen in ihr nur eine krisenhafte, hoffnungslose Verworrenheit sehen." Gleich im nächsten Satz fährt er jedoch schon optimistisch fort: "Wer aber die Dinge genauer verfolgt, muß feststellen, daß es sich um einen Gesundungsprozeß handelt, aus dem sich allmählich ein neues Ordnungsprinzip herausbildet, dessen letztes Ziel es ist, eine neue Harmonie zwischen dem Formenwandel im Siedlungscharakter und im Verkehrscharakter der Großstädte zu schaffen".

Die vorliegende Arbeit soll einen Beitrag zu diesem Gesundungsprozeß leisten und mithelfen zur Klärung der für die Großstädte lebensnotwendigen Frage: Welche Maßnahmen können heute, wo die nach dem Kriege eingeleiteten großräumigen Generalplanungen praktisch abgeschlossen sind, noch ergriffen werden, um der in den Innenstädten schon in wenigen Jahren zu erwartenden echten Verkehrsnot entgegenzuwirken? Die Antwort darauf soll vorweg genommen werden; sie kann nur lauten: Es geht im Grundsatz darum, den uns überkommenen begrenzten Straßenraum und die aus städtebaulichen und auch finanziellen Gründen nur in gewissen Grenzen noch neu zu schaffenden Verkehrsflächen so intensiv wie möglich dadurch auszunützen, daß die "alten" Verkehrsmittel, soweit sie noch Daseinsberechtigung haben, modernisiert und mit den "neuen" Verkehrsmitteln nach verkehrswirtschaftlichen und volkswirtschaftlichen Grundsätzen sinnvoll koordiniert werden.

1.1 Die Verkehrssituation in den Großstädten [2]

Zwei Erscheinungen haben die schwierige Situation, in der sich heute der großstädtische Verkehr befindet, hervorgerufen: einmal der Formenwandel im Siedlungscharakter und zum anderen der Formenwandel im Verkehrscharakter der Großstädte. Der erst durch die neuzeitlichen Verkehrsmittel ermöglichte Strukturwandel im Siedlungscharakter umfaßt das durch die fortschreitende Industrialisierung immer noch anhaltende starke Wachstum der Großstädte nach Einwohnerzahl und Fläche und die damit verbundene Zunahme der Verkehrsbedürfnisse. Der Formenwandel im Siedlungscharakter allein würde jedoch kaum die heutigen schwierigen Verkehrsverhältnisse

---

1) Zeitschrift für Verkehrswissenschaft, 1954, Heft 3/4, S.290-308

2) Lambert, W.: "Der Aufgabenbereich des Bauingenieurs im Verkehr und sein Beitrag zur Behebung großstädtischer Verkehrsnot".
Internationales Archiv für Verkehrswesen, 1956 Nr.6

hervorgerufen haben, wenn nicht gleichzeitig ein Formenwandel im Verkehrscharakter eingetreten wäre, dessen kennzeichnendes Merkmal eine stetig ansteigende Abwanderung zum Individualverkehr ist.

Während das menschliche Gesellschaftsleben immer mehr der Vermassung entgegentreibt, ist im Verkehr gerade die entgegengesetzte Erscheinung festzustellen: das persönliche Verkehrsinstrument in Gestalt des Kraftfahrzeugs befindet sich in raschem Vordringen. Aus rationalen Erwägungen heraus wendet sich der arbeitende Mensch bei den täglich von ihm zwischen Wohn- und Arbeitsort zurückzulegenden großen Entfernungen und dem heute oft recht unbefriedigenden Ablauf des öffentlichen Verkehrs mit besonderer Vorliebe dem Kraftfahrzeug zu, das ihm zeitsparend jederzeit zur Verfügung steht. Doch nicht nur Zeitersparnis und Bedürfnis nach höherem Lebensstandard, sondern auch irrationale Impulse spielen beim Übergang zum individuellen Verkehrsmittel eine nicht zu unterschätzende Rolle: das Freiheits- und Unabhängigkeitsgefühl, das dem Menschen durch dieses moderne Instrument als Ausgleich zum harten Zwang des Berufs beschert wird.

Aber auch bei diesem Strukturwandel zeigt sich der Januskopf des Verkehrs: die spezifische Beanspruchung des Straßenraums durch die fahrenden, vor allem aber durch die parkenden Kraftfahrzeuge liegt erheblich über dem Raumanspruch der Straßenbahnen oder Omnibusse. Die schwerwiegenden Folgen des starken, aber noch keineswegs abgeschlossenen Anwachsens des privaten Verkehrs sind die Verkehrsschwierigkeiten in den Großstädten, vor allem in ihren Innenbezirken, wo die historische Verkehrsraumreserve, also der Straßenraum, der ja ursprünglich für ganz andere Verhältnisse angelegt wurde, heute vielfach schon aufgebraucht ist. Auch ist in diesem Zusammenhang als tragischer Umstand zu bezeichnen, daß nach den Kriegszerstörungen die günstige Gelegenheit, durch städtebauliche Maßnahmen die Innenstädte aufzulockern und verkehrsgerechte Plätze und Strassenzüge zu schaffen, nur in wenigen Fällen ausgenutzt wurde. Ja, es ist sogar zu befürchten, daß durch die heutige höhere Bebauung in den Innenstädten zusätzliche Konzentrationen des fließenden und besonders des ruhenden Verkehrs geschaffen werden. Die Häufung der Verkehrsstockungen und Leistungsminderungen sowie die Gefährdungen und Unfälle sind die sichtbaren Zeichen dafür, daß die Verkehrsfunktionen der Städte in Unordnung geraten sind.

Nun ist aber beim Anhalten der derzeitigen Prosperität schon in etwa sieben Jahren mit einer Verdoppelung des heutigen Kraftfahrzeugbestandes zu rechnen. Bei den bekannten Bebauungsverhältnissen in den Großstädten braucht nicht näher begründet zu werden, daß diese Zunahme vielerorts nicht mehr allein durch Straßenverbreiterungen oder durch die Anlage von neuen Straßen und Parkplätzen ausgeglichen werden kann. Erschwerend kommt auch noch hinzu, daß die vom Städtebauer und Verkehrsplaner bei aller Anerkennung der grossen Vorzüge des Individualverkehrs erwünschte Rückwanderung auf die an Strassenfläche sparenden öffentlichen Verkehrsmittel nicht erfolgen kann, weil diese wegen der Überfüllung des Verkehrsraums auch nicht mehr genügend leistungsfähig sind,und die an die Kraftfahrzeuge gewöhnten Reisenden hinsichtlich der Reisegeschwindigkeit und Bequemlichkeit höhere Ansprüche stellen, als sie die Straßenbahn in ihrem derzeitigen Zustand erfüllen kann.

1.2. Maßnahmen zur Verbesserung der Verkehrsverhältnisse

Bei dem ständigen Ansteigen der Verkehrsbedürfnisse in den Innenstädten wird mit verkehrsregelnden und -ordnenden Maßnahmen allein keine Verbesserung möglich sein. Auch mit verkehrstechnischen Einzelmaßnahmen werden im allgemeinen keine anhaltenden Erleichterungen mehr geschaffen werden können, so sinnvoll und gut durchdacht sie auch immer sein mögen. Ebenso wird aber auch vielfach mit städtebaulichen Einzelmaßnahmen eine dauernde Milderung der Verkehrsnot nicht zu erzielen sein, da die Möglichkeiten hierzu, wie bereits angedeutet, bei den Wiederaufbauverhältnissen in unseren Städten heute beinahe durchweg schon wieder sehr eingeschränkt sind. Ja, es besteht die durchaus begründete Gefahr, daß viele der durch solche Einzelmaßnahmen erzielten Verbesserungen durch die Zunahme der Kraftfahrzeuge in kürzester Zeit wieder eliminiert werden.

Die Vorschläge zur Lösung des Verkehrsproblems bewegen sich nun je nach persönlicher Einstellung zwischen zwei Extremen: Einmal soll dem Personenkraftwagen die Innenstadt verboten und dieser auf Randparkplätze verwiesen werden, damit die Straßenbahn wegen ihrer Bedeutung für den Massenverkehr unbehindert mit hoher Reisegeschwindigkeit in die City hereinfahren kann, und zum anderen soll das "Verkehrshindernis Straßenbahn" aus den Hauptverkehrsstraßen der Innenstadt herausgenommen und durch Obusse oder Omnibusse ersetzt werden, um dort den Personenkraftwagen nicht weiter zu behindern.

Zur Verkehrsbedienung der Innenbezirke der Großstädte durch Obusse oder Omnibusse sei vorweg vermerkt, daß durch eine solche Maßnahme die Not an den Brennpunkten des Verkehrs noch verschärft würde, da die Strassenbahn sowohl hinsichtlich der Leistungsfähigkeit als auch der spezifischen Beanspruchung der Straßenfläche dem Omnibus um etwa das Eineinhalbfache überlegen ist.

Grundsätzlich ist zu den beiden vorstehenden Forderungen festzustellen, dass sich keine dieser Massnahmen ohne wirtschaftlichen Schaden für den Stadtorganismus durchführen läßt. Die Lösung kann nur in einer den Belangen der Allgemeinheit entsprechenden Koordinierung der öffentlichen und privaten Verkehrsmittel liegen. Es muss in erster Linie darum gehen, die gesamte Leistungsfähigkeit des Straßenraums zu erhöhen. Dazu sind die Verkehrsarten zur Beseitigung der allgemeinen Leistungsminderung, die ja zu einem wesentlichen Teil auch durch die unhomogene Zusammensetzung des Gesamtverkehrs und seine Konzentrierung an wenigen Knotenpunkten hervorgerufen wird,bis an die Grenze der städtebaulichen, finanziel - len und technischen Möglichkeiten zu entflechten, und zwar, wenn

4

möglich. durch T r e n n u n g   i n   d e r   H o r i z o n -
t a l e n (also Nebeneinanderlage der verschiedenen Verkehrsarten),
oder falls notwendig auch   i n   d e r   V e r t i k a l e n (also
Verkehrsabwicklung in mehreren Ebenen)

Wenn nun aber bei diesen Verbesserungsmaßnahmen der für beide Verkehrsarten notwendige Verkehrsraum nicht vorhanden ist und auch
nur noch in einem beschränkten Umfange neu geschaffen werden kann,
dann muß der S t r a ß e n r a u m   r a t i o n i e r t werden,
das heißt, der verfügbare Verkehrsraum ist in einer zweckmäßigen
Rangordnung auf die verschiedenen Verkehrsmittel aufzuteilen. An
diese Rationierung müssen zwei Masstäbe angelegt werden: 1 je
größer das Verkehrsaufkommen für ein bestimmtes Verkehrsmittel ist,
desto weiter muss es in der Rangordnung vorne stehen. und 2 je
raumsparender ein Verkehrsmittel den Verkehrsraum beansprucht, desto mehr muß es bei der Raumnot berücksichtigt werden Hierzu ist
nun festzustellen,daß zurzeit in unseren Großstädten trotz der zahlreichen privaten Fahrzeuge immer noch zwei Drittel des Gesamtverkehrs von den öffentlichen Verkehrsmitteln bewältigt werden;selbst
im hochmotorisierten Amerika beträgt das Verhältnis noch 1 : 1.
Hinsichtlich des "Anspruchs" der einzelnen Verkehrsmittel, ausge-
drückt durch den spezifischen Bedarf an Strassenfläche, sei auf
Zahlen von F e u c h t i n g e r [3] verwiesen, der ermittelte,
daß im Netzverkehr, das heißt unter Einbeziehung der Knotenpunkte
und Haltezeiten, ein Pkw-Benützer gegenüber einem Straßenbahnfahr-
gast die 18-fache Straßenfläche benötigt und gegenüber einem Reisenden im einzelfahrenden Großomnibus immerhin noch die 12-fache
Fläche.

Bei dieser Situation werden in den europäischen Großstädten auch
in Zukunft die   ö f f e n t l i c h e n   V e r k e h r s m i t -
t e l   ihre Bedeutung als Massenverkehrsmittel behalten müssen,
denn man wird hier nur in Ausnahmefällen die Mittel und Möglichkeiten besitzen, ähnlich wie in den Vereinigten Staaten, hochlei-
stungsfähige Straßen als Hoch- oder Tiefstraßen mitten durch unsere Städte zu führen Ja, es ist sogar damit zu rechnen, daß mit
der nicht aufzuhaltenden weiteren Verstopfung der innerstädtischen
Straßen durch die Kraftfahrzeuge die Aufgaben der öffentlichen Verkehrsmittel zwangsläufig ebenfalls noch ansteigen werden Verfolgt
man die jüngste Entwicklung in den Vereinigten Staaten, dem Land.
das den europäischen Ländern in den Erfahrungen mit stärkstem in-
dividuellem Verkehr um 25 Jahre voraus ist,und wo auf die auf persönliche Freiheit eingestellte Mentalität der Bevölkerung ganz besondere Rücksicht genommen wird, dann ist dort die allmählich sich
durchsetzende Erkenntnis festzustellen, dass das Leben in den In -

---

3) Feuchtinger, M -E : "Verkehrserhebungen als Planungsgrundlage
                       für den öffentlichen Nahverkehr" Referat
                       auf der Tagung der Freien Vereinigung von
                       Fachleuten öffentlicher Verkehrsbetrie-
                       be Essen 1954

nenstädten und der Wert der Geschäftsviertel nur durch den Einsatz der öffentlichen Verkehrsmittel gerettet werden könne. Auch die ungewöhnlich teuren und vielspurigen Expreßways, die großzügigen Straßendurchbrüche und weiträumigen Parkplätze konnten nicht verhindern, daß die Geschäftszentren in den amerikanischen Städten im Verkehr ersticken. Es ist dringend erforderlich, daß wir uns diese Erkenntnisse und Erfahrungen sinngemäß zunutze machen, damit nicht durch Vernachlässigung der öffentlichen Verkehrsmittel, wie dies dort geschehen ist, die Menschen zur Selbsthilfe greifend, zwangsläufig auf das private Fahrzeug ausweichen.

Man sollte zur Gesunderhaltung unserer Städte, aber nicht zuletzt auch im Interesse einer in Zukunft ebenfalls noch ausreichenden Bewegungsfreiheit der Kraftwagen alles daransetzen, unsere öffentlichen Verkehrsmittel nicht nur zu erhalten, sondern sollte sie in ihrer Leistungsfähigkeit und Bequemlichkeit noch weiter steigern, und auch ihre Tarife möglichst günstig gestalten. Dies hindert absolut nicht, daß auch die privaten Fahrzeuge im Bereich ihrer Vorzüge die Förderung erfahren, die ihnen aufgrund ihres Verkehrswertes zusteht. Der Anspruch des privaten Kraftfahrers zum Gebrauch der Straße, wenn auch nicht zum Dauerparken, so doch wenigstens zum Fahren und Kurzparken, darf im Rahmen des überhaupt Möglichen nicht eingeschränkt werden.

Eines ist aber doch zu bedenken: Mag die Entwicklung des Kraftfahrzeugverkehrs gehen wohin sie will, letzten Endes kann nur das Massenverkehrsmittel – es muß allerdings in jeder Beziehung modern und attraktiv gestaltet sein – die Innenstadt für die überhaupt übersehbare Zukunft vor dem Ersticken im Verkehr bewahren. Feuchtinger hat ganz recht, wenn er sagt: "Ein Wuchern der Kraftfahrzeuge kann nicht durch einen Kampf gegen sie verhindert werden, sondern nur dadurch, daß die öffentlichen Verkehrsmittel bestens ausgestattet werden".

Der Weg zur Behebung der Verkehrsnot kann nur über die Entflechtung der verschiedenen Verkehrsarten durch Auflockerung führen. Eine in der gleichen Straße vorgenommene h o r i z o n t a l e A u f l o c k e r u n g erfordert wegen der Nebeneinanderlage von Bürgersteig, Park- oder Standspur, der Fahrspur und des besonderen Bahnkörpers der Straßenbahn eine Straßenbreite von mindestens 34 m, in vielen Fällen sogar über 50 m. Nun steht aber gerade in den Schwerpunkten des Verkehrs, in der Innenstadt, die kleinste Fläche zur Verfügung, die wegen der hohen Grundstückspreise und Gebäudewerte oder auch aus städtebaulichen Gründen in vielen Fällen nicht ausreichend erweitert werden kann. Wenn daher trotz aller Einzelmaßnahmen im Rahmen der horizontalen Auflockerung die Grenze der Leistungsfähigkeit erreicht ist, muß eine Abwicklung der verschiedenen Verkehrsarten auf mehreren Ebenen vorgesehen, also eine v e r t i k a l e A u f l o c k e r u n g vorgenommen werden. Bei ihrer Durchführung wird aus technischen und wirtschaftlichen Gründen in den meisten Fällen das schienengebundene Verkehrsmittel und damit die Masse der Verkehrsteilnehmer betroffen sein: Einerseits kann auf einen Anliegerverkehr mit Autos in Straßenhöhe nicht verzichtet werden, andererseits sind auf einer Fahrspur mit Privatautos höchstens 2000 Personen in der Stunde zu leisten, während auf einer gleich breiten Schienenspur je nach Bahn – und Betriebsart 20 000 bis 50 000 Personen befördert werden können und ausserdem kostspielige Lüftungsanlagen entbehrlich sind.

2. Zweck der Untersuchung

Die Verwirklichung der Erkenntnis, daß der Weg zur Behebung der Verkehrsnot über die Entflechtung der verschiedenen Verkehrsarten durch horizontale Auflockerung (besondere Bahnkörper) oder gegebenenfalls durch vertikale Auflockerung (Tief-oder Hochbahnen) führt, wird durch zwei Hindernisse erschwert, die technischer und wirtschaftlicher Art sind. Das technische Hindernis liegt in der allgemeinen Schwierigkeit, im dicht bebauten Stadtgebiet der City Verkehrsanlagen auf besonderen Bahnkörpern oder sogar als unterirdische Bahnen anzulegen.Das wesentlich schwerwiegendere wirtschaftliche Hindernis ist darin zu suchen, daß bei Städten in der Größe von einer halben bis zu einer Million Einwohnern im Gegensatz zu den Millionenstädten die besondere Sorge besteht, der Aufwand für die teuere Modernisierung der öffentlichen Verkehrsmittel und für die Entflechtung der verschiedenen Verkehrsarten könnte nicht in einem tragbaren Verhältnis zu dem Verkehrsumfang und zu den zukünftigen Verkehrseinnahmen stehen.

Um Klarheit über die Möglichkeiten einer Neuordnung des Verkehrssystems zu gewinnen, sind aus dieser Problemstellung heraus schon bei der Planung grundlegende Untersuchungen in folgender Richtung notwendig:

1. Es ist festzustellen, in welchem Umfang eine Umgestaltung des bisherigen Netzes die Wirtschaftlichkeit des Verkehrsunternehmens beeinflußt. Hierbei werden durch die Verbesserung der Verkehrsbedienung, die zwangsläufig eine Steigerung der Verkehrsbedürfnisse erzeugt, zwar die Einnahmen ansteigen. Ebenso wird sich aber auch bei den Ausgaben,den objektiven Selbstkosten, der Kapitaldienst durch die Umgestaltung der Netze in Bahnen mit besonderen Bahnkörpern bzw. Tief - oder Hochbahnen wesentlich erhöhen, während die Betriebskosten wiederum beispielsweise durch Steigerung der Reisegeschwindigkeit und den Einsatz von Großraumwagen absinken werden;

2. Es wird eine Analyse der Geltungsbereiche und Einsatzgrenzen der verschiedenen öffentlichen Verkehrsmittel (Straßen- bzw.Schnellstraßenbahn, U-Bahn, S-Bahn) in Abhängigkeit von der Verkehrsmenge und der Leistungsfähigkeit aufzustellen sein und zwar für die jeweils möglichen Raumlagen als Niveau-, Tief- oder Hochbahnen;

3. Schließlich ist der Grad der Verkehrsverbesserungen zu bestimmen, der jeweils mit den verschiedenen Verkehrsmitteln zu erzielen ist. Darüber hinaus ist weiter eine Synthese mehrerer Verkehrsmittel für eine sinnvolle Raumerschließung nach raumpolitischen und verkehrswirtschaftlichen Gesichtspunkten zu finden, damit der Verkehr als ein wichtiger Faktor bei der Raumordnung und städtebaulichen Gestaltung noch wesentlich mehr als bisher bei der gesunden Auflockerung der Wohngebiete und ihrer richtigen Zuordnung zu den Geschäfts – und Arbeitszentren sowie zu den Erholungsflächen mitwirken kann.

Im Laufe der Untersuchungen ergab sich sehr bald, daß mit diesen Fragen viele Probleme angeschnitten werden, die an die verkehrswirtschaftlichen Grundlagen des Verkehrs in den Großstädten und an die wirtschaftliche Existenz der Stadtzentren rühren. Diese Probleme wurden jedoch bisher von der Grundlagenforschung noch nicht im Zusammenhang so behandelt, dass hieraus die Voraussetzungen und Möglichkeiten für Lösungen im Einzelfalle abgeleitet werden könnten.

Aus dem umfangreichen und noch nicht abgeschlossenen U n t e r s u c h u n g s p r o g r a m m soll im folgenden über ein erstes T e i l e r g e b n i s berichtet werden. Es betrifft den Versuch, für die ersten Erwägungen und Planungen bei beabsichtigten Netzumgestaltungen und Modernisierungen eine allgemeingültige Grundlage dadurch zu schaffen, daß als Unterlage für die neuen Selbstkosten erstens die K o s t e n   d e r   f e s t e n   A n l a g e n der Straßenbahn, der U-Bahn und der S-Bahn je in verschiedener Raumlage als Geländebahn, Tiefbahn und Hochbahn ermittelt werden. Der Zweck der Untersuchung soll sein, zweitens die B e l a s t u n g d e r   L e i s t u n g s e i n h e i t , d.h. einer Fahrt,durch den jeweiligen K a p i t a l d i e n s t in Abhängigkeit von der Bahnart und Verkehrsmenge festzustellen und die bei einer Umgestaltung des Nahverkehrsnetzes nach wirtschaftlichen Gesichtspunkten überhaupt noch in Betracht kommenden B a h n a r t e n   und R a u m l a g e n einzugrenzen.

3. Grundlagen für die Untersuchung

3.1. Die Bahnarten und ihre Lage im Raum

In den Großstädten sind als Hauptträger des örtlichen und bezirklichen Massenverkehrs nachfolgende Bahnarten eingesetzt bzw. wird ihr Einsatz erörtert:

1. Straßenbahn,

2. Stadtschnellbahn: a) Schnellstraßenbahn,

                                 b) Eigentliche Stadtschnellbahn
                                     (Städtische U-Bahn),

3. Vorstädtische Stadtschnellbahn (Vorort- bzw. S-Bahn der Eisenbahn).

3.1.1.   Straßenbahn

Die normale Straßenbahn muß, wie bereits ausgeführt wurde, nach den
Erfahrungen in den mittleren Großstädten als Massenverkehrsmittel
beibehalten werden. Es ist aber notwendig, sie soweit als möglich
durch Verlegung auf einen besonderen Bahnkörper und gegebenenfalls
auch durch niveaufreie Führung an den Druckpunkten vom übrigen Verkehr loszulösen und in ihrer Trasse so zu begradigen, daß die Fahr-
eigenschaften der modernen Straßenbahnfahrzeuge auch voll ausgenützt werden können. Alle diese Massnahmen haben aber den großen
Nachteil, dass sie vor allem in der Innenstadt, teilweise auch noch
in den Bereichen der Ausfallstrassen, Strassenverbreiterungen und
Durchbrüche notwendig machen, die in vielen Fällen überhaupt nicht
durchführbar sind. Hinzu kommt, daß auch dann noch die Straßenbahn
vielfach vom übrigen Straßenverkehr abhängig bleibt und dessen Frei-
zügigkeit behindert. Ihrer Leistungsfähigkeit und Reichweite im Sin-
ne des Pirathschen Raum-Zeit-Systems werden daher als Folge des un-
ablässig ansteigenden Kraftfahrzeugverkehrs in Zukunft immer engere
Grenzen gezogen. Eine Bahn, die vom allgemeinen Verkehr und auch
von der vorhandenen Bebauung unabhängig ist, muss daher bei einer
Neuplanung des Verkehrsgerüsts in den Kreis der Erwägung einbezogen
werden.

3.1.2.   Stadtschnellbahn

3.1.2.1. Schnellstraßenbahn

Die augenblicklich verkehrlich besonders bedrohten mittleren Großstädte mit 0,5 bis 1,0 Million Einwohnern haben im allgemeinen ein
bis zur Innenstadt durchgehendes, radial verlaufendes Netz von Aus-
fallstraßen, in denen auch die öffentlichen Verkehrsmittel liegen.
Die Überlastung der Straßen beginnt meistens am Rand der City, wo
der aus den Außengebieten einmündende Kraftfahrzeug - und Straßen-
bahnverkehr zusammenläuft. In vielen Städten durchqueren dann mehrere Straßenbahnlinien gemeinsam auf einem Gleispaar die Innenstadt
und verzweigen sich wieder an deren Ende. Zur Beseitigung der Verkehrsnot zwischen diesen Verzweigungspunkten wird heute verschie-
dentlich als Ersatz für den öffentlichen Oberflächenverkehr die Anlage eines leistungsfähigen Verkehrsmittels in der zweiten Ebene gefordert. Hierfür eine selbständige U-Bahn zu wählen, wird in den
meisten Fällen nicht richtig sein. Nach den bisherigen Erfahrungen
genügt für die großstädtischen Verkehrsströme auch in Zukunft die
Verkehrsleistung einer unabhängig geführten Straßenbahn mit 15 000
bis 23 000 Reisenden je Stunde und Richtung, während die Kapazität
der eigentlichen U-Bahn mit 40 000 Reisenden je Stunde und Richtung
nicht ausgenützt werden könnte. In den Großstädten unter einer Million Einwohnern werden die Strecken der U-Bahn wegen der engbegrenz-
ten Innenstadt immer verhältnismäßig kurz sein und in den meisten
Fällen radial verlaufen müssen, so daß die Bildung eines besonderen
U-Bahn-Netzes mit einem eigenen Lokalverkehr unwirtschaftlich ist.
Der weitaus größte Teil der Reisenden wäre ausserdem noch zur Benützung zweier Verkehrsmittel, nämlich der Oberflächenstraßenbahn

und der anschließenden U-Bahn, gezwungen. Auch würde eine U-Bahn
für die Reisenden keinen Zeitgewinn bedeuten, da die höhere Geschwindigkeit auf den kurzen U-Bahnstrecken den Zeitbedarf für das
Umsteigen zwischen Straßenbahn und U-Bahn nicht ausgleichen kann.
Bei diesen Verhältnissen ist als zweckmäßige Lösung zu erwägen, die
Straßenbahn in der Innenstadt auf eigenem Bahnkörper, also beispielsweise als Unterpflasterbahn oder als Hochbahn zu führen, während sie nach den Außenbezirken als Oberflächenbahn durchläuft und
zwar nach Möglichkeit auf besonderem Bahnkörper. Der Vorteil dieser
als Schnellstraßenbahn zu bezeichnenden Bahnart liegt vor allem im
ungebrochenen Verkehr zwischen den Vororten und der Innenstadt und
in der Verbindung der einzelnen Stadtteile untereinander durch das
gleiche Verkehrsmittel. Die Linienführung dieser Bahn müßte ohne zu
weitgehende Rücksichtnahme auf Gebäudeunterfahrungen so gestaltet
werden, dass auch in der Innenstadt eine Reisegeschwindigkeit von
etwa 22 km/h zu erreichen ist. Die Schnellstrassenbahnen könnten
teilweise straßenbahnmäßig betrieben werden. Dies bedeutet ein Fahren auf Sicht - mit Ausnahme an Gefahrenpunkten - und eine Höchstgeschwindigkeit von 60 km/h. Zu vermerken ist noch, daß reiner Strassenbahnbetrieb im Tunnel beim Zusammenlauf einer größeren Zahl von
Linien an der Tunneleinfahrt und beim Befahren der Rampenstrecken Schwierigkeiten bereiten kann. Wenn auch die bei der Straßenbahn in immer größerem Umfang eingeführte moderne Bremstechnik ein
sicheres und flüssiges Befahren der Rampen ermöglicht, so werden
sich die Stockungen beim Einfädeln nicht immer vermeiden lassen, da
dem vom übrigen Oberflächenverkehr abhängigen Straßenbahnbetrieb
die Regelmäßigkeit der auf Signale fahrenden U-Bahnen fehlt. Besondere Überlegungen bedarf schließlich noch der Fahrzeugtyp, der sowohl als Straßenbahn- wie als Schnellstraßenbahnwagen geeignet sein
muß. Dies bedingt u a. eine besondere Ausgestaltung der Türöffnungen und Trittstufen, die sich sowohl den niederen Haltestelleninseln auf der Straßenoberfläche, als auch den im Tunnel zweckmäßig
höher anzulegenden Bahnsteigen anpassen müssen.

<u>3.1.2.2.</u> U-Bahn

Während also das zukünftige öffentliche Nahverkehrsnetz für die
mittleren Großstädte sich als eine Mischung von gewöhnlichen Strassenbahnen und Schnellstraßenbahnen darstellen dürfte, handelt es
sich bei der eigentlichen Stadtschnellbahn, der "U-Bahn", um ein
vollständig vom übrigen öffentlichen und individuellen Verkehr losgelöstes, selbständiges Bahnsystem in Tief-, Hoch- oder auch kreuzungsfreier Niveaulage, mit eisenbahnmäßigem Betrieb und Regelung
der Zugfolge durch selbsttätige Signalanlagen. Moderne U-Bahnstrecken sollen für eine Höchstgeschwindigkeit von 80-100 km/h trassiert
werden. Die U-Bahn wird in den mittleren Großstädten nur dann als
beste Lösung des Massenverkehrsproblems anzusehen sein, wenn durch
ihre Netzgestaltung in der Innenstadt die Oberflächenstrassenbahn
entbehrlich wird, ein ihrer hohen Leistungsfähigkeit entsprechendes
Verkehrsbedürfnis auch vorhanden ist und es wirtschaftlich vertret-

10

bar ist, sie in ihrer ganzen Länge bis in die wichtigsten Außenbezirke durchzuführen.

3.1.3. S-Bahn

Aufgabe der vorstädtischen Stadtschnellbehn, der "S-Bahn", ist in
der Regel nur die Bedienung des Vorort- und Nachbarschaftsverkehrs
über lange Strecken und nicht die eines innerstädtischen Kurzstrek-
kenverkehrs. In besonderen Fällen aber kann es bei einer geeigneten Lage der Eisenbahnstrecken und Bahnhöfe zum Stadtkern aus
städtebaulichen und wirtschaftlichen Gründen zweckmässig sein,
Strecken mit einem starken vorstädtischen Massenverkehr durch die
Schwerpunkte der Innenstadt zu führen. Dies trifft beispielsweise
dann zu, wenn einerseits die Ausdehnung und Einwohnerzahl einer
Stadt noch nicht so groß ist, daß der Bau eines besonderen U-Bahn-
Netzes notwendig wird, andererseits aber die überlasteten Straßenbahnen und die von den Fußgängern bevorzugt benützten Hauptstraßen
dadurch entlastet werden können, dass dieser Vorortverkehr nicht
mehr an e i n e m Bahnhof zusammengeballt ankommt, sondern mit
einer Durchmesserlinie in der Innenstadt verteilt wird und auch
ein Teil des städtischen Binnenverkehrs auf die S-Bahn übergeht.
Diese S-Bahn, die in den Mittelstädten nur das allgemeine Vorortnetz der Eisenbahn verlängert und ihr Regelprofil aufweist, ist
vor allem dann näher zu betrachten, wenn eine Reihe von Vor- und
Trabantenstädten mit der Innenstadt in engen wirtschaftlichen Be-
ziehungen steht und von dieser so weit entfernt liegt, daß sie von
den Straßenbahnen nicht mehr in einer erträglichen Reisezeit erreicht werden können.

Eine S-Bahn kann nur dann zur Entlastung des großstädtischen Nahverkehrs beitragen, wenn sie sich in allen wesentlichen Einzelheiten den besonderen Bedürfnissen dieses Verkehrs anpasst.Die S-
Bahn-Strecken sollen eine Höchstgeschwindigkeit von 100 km/h zulassen und ohne große Umwege die Bahnhöfe im Stadtkern erreichen,
die wiederum in den Schwerpunkten des innerstädtischen Verkehrs
liegen müssen. Ausserdem ist ein starrer Fahrplan mit kurzen Zug-
folgen aufzustellen und ein besonderer Städtetarif bzw. Gemein-
schaftstarif mit Übergangsmöglichkeit auf die anderen Nahverkehrs-
mittel einzuführen.

Untersuchungsprogramm

Als Programm für den Anlagekostenvergleich wurden die nachfolgend
zusammengestellten Bahnarten und Raumlagen ausgewählt, wobei der
Vollständigkeit wegen auch Flußunterfahrungen und Tunnelbahnen aufgeführt sind, da in Städten mit Flußläufen oder Höhenrücken Unterfahrungen dieser Art zur Verbindung einzelner Stadtteile vorkommen
können.

Bahnart	Raumlage											
	Geländebahn (Niveaubahn)			Tiefbahn					Hochbahn		
	innerhalb		außerhalb	Offene Tiefbahn (Einschnittbahn)		Tunnel – Tiefbahn (U-Bahn im weiteren Sinne)					
	des Straßenraums			Böschungen	Stützmauern	Unterpflasterbahn	Flussunterfahrung	Tunnel- und Röhrenbahn	Erdaufschüttung	Stützmauern	Stützen
							Ausführung		Dammbahn		Pfeilerbahn
							Scheintunnel	Bergmännische Bauweise			
	ohne besonderen	mit eigenem									
	Bahnkörper					ohne und im Grundwasser					
1	2	3	4	5	6	7	8	9	10	11	12
Straßenbahn	x	x									
Stadtschnellbahn:											
Schnellstraßenbahn			x	x	x	x					x
U-Bahn			x	x	x	x	x	x	x	x	x
Vorstädtische Stadtschnellbahn: S-Bahn			x	x	x	x	x	x	x	x	x

x = Zum Anlagekostenvergleich herangezogen

Bahnarten im großstädtischen Verkehr und ihre Lage im Raum

3.2. Fahrzeug-, Lichtraum- und Tunnelprofile

Die Entwicklung der Straßen- und Stadtschnellbahnen lehrt, daß bei
der Neuanlage oder Erweiterung von Nahverkehrsbahnen die Bahnpro-
file nicht nur vom Standpunkt der geringen Baukosten oder nach dem
Ausbaugrad der anschließenden Linien bemessen werden dürfen. Bei
der langen Lebensdauer dieser Anlagen sind auch die dauernden betrieblichen und verkehrlichen Vorteile der größeren Querschnitte
und Fahrzeugabmessungen, sowie das ständig steigende Verkehrsbedürfnis im Nahverkehr zu berücksichtigen.

Bei den schienengebundenen Verkehrsmitteln ist für die freizuhal-
tenden Bahnräume vom Lichtraumprofil (Regelquerschnitt) auszuge-
hen. Dieses hängt wiederum vom Fahrzeugprofil und den Schutzräumen
für das Bahnpersonal ab.

3.2.1. Straßenbahn und Schnellstraßenbahn

Die Erfahrungen im praktischen Straßenbahnbetrieb haben gezeigt,
dass bei der heute noch am meisten verwendeten Fahrzeugbreite von
2,20 m die Unterbringung und Bewegung der Reisenden im Wagen nicht
besonders günstig ist. Die Bestrebungen gehen dahin, im Zuge der
Umstellung auf Großraumwagen auch die Fahrzeugbreite zu erhöhen
(München 1949: 2,25 m, Düsseldorf 1951: 2,35 m, Köln Vorortlinien
1951: 2,50 m, Amerikanischer P.C.C.-Wagen: 2,55 m, Rotterdam 1952:
2,30 m, Oslo 1953: 2,50 m). Die Verbreiterung der Fahrzeuge hat zur
Folge, dass auch die Gleisabstände vergrößert werden müssen, und
zwar von dem bisher üblichen Mass von 2,50 bzw. 2,60 m auf 3,00 m.
Der Untersuchung wurde daher die für Neuanlagen vorzusehende Wagenbreite von 2,50 m zugrunde gelegt, entsprechend den vom Verband der
Öffentlichen Verkehrsunternehmungen aufgestellten Normblättern über
die Breiten von besonderen Bahnkörpern (VÖV. 1202/1-3)[4]. Die Abstände
des Lichtraumprofils von der Fahrzeugumgrenzungslinie sind nach
dem vom Verband Öffentlicher Verkehrsbetriebe herausgegebenen Norm-
blatt über die Umgrenzung des Straßenbahn-Fahrzeugs und Lichtraumprofils (VÖV 1.211) bemessen. Bei Neubauten von Straßenbahnen ist
im übrigen die "Strassenbahn- Bau- und Betriebsordnung (BOStrab)"
mit ihren Ausführungsbestimmungen (AB.BOStrab) zu beachten, beim
Bau von Stadtschnellbahnen zusätzlich die ergänzenden Bestimmungen
(EU BOStrab)[5] mit den zugehörigen Ausführungsbestimmungen (ABU.
BOStrab)[5].

Für die Abmessungen des Tunnelquerschnitts ist neben dem Fahrzeugprofil und den Schutzräumen für die Bediensteten vor allem der Um-

---

4) König, O.: "Grundlagen für die Gestaltung von Straßenbahnen in
        Straßen". Verkehr und Technik 1950, Seite 264

5) Reichsverkehrsblatt B 1940, Nr. 47, Seite 295

stand maßgebend, dass auch im Tunnel normale Straßenbahnfahrzeuge
mit Stromzuführung durch Oberleitung verwendet werden. Bei einer
niedrigsten Fahrdrahtlage von 4,20 m (Fahrzeughöhe 3,40 m) und einem Schutzabstand zur Tunneldecke von 0,15 m ergibt sich eine Tunnelhöhe über Schienenoberkante von 4,35 m (Bild 1, Tab.1,S.16/17).
Es ist anzustreben, durch besondere Ausbildung der derzeitigen
Stromabnehmer mit noch niedrigeren Tunnelhöhen auszukommen. Im Tunnel ist ein Gleisabstand von 3,40 m gewählt, um zwischen den Wagenbegrenzungslinien einen 0,90 m breiten Schutzraum zu erhalten. Mit
dem bei Neuanlagen zwischen Fahrzeug und festen Gegenständen vorzu-
sehenden Mindestabstand von 0,50 m ergibt sich somit bei einer Fahrzeugbreite von 2,50 m eine lichte Tunnelweite von 6,90 m.

3.2.2. U-Bahn

Im Gegensatz zu den Straßenbahnen, deren Fahrzeugprofile im allgemeinen durch Normen einheitlich festgelegt sind, weisen die Fahr-
zeug- und damit auch die Lichtraum- und Tunnelprofile der U-Bahnen
in den verschiedenen Städten zum Teil erhebliche Unterschiede auf.
Diese sind dadurch entstanden, dass bei den selbständigen und begrenzten U-Bahnnetzen die jeweiligen besonderen örtlichen, verkehrlichen und auch wirtschaftlichen Verhältnisse Berücksichtigung fanden. Die Wahl eines für die Großstädte allgemein gültigen Fahrzeug-
profils ist bei den großen strukturellen Verschiedenheiten dieser
Städte nicht möglich und wäre auch nicht zweckmäßig. Es kann daher
nur versucht werden, der Untersuchung der U-Bahn ein Profil zugrunde zu legen, das den Verkehrsbedürfnissen der Großstädte von
0,5 bis 1,0 Mio Einwohnern entspricht.

Betrachtet man die in den letzten 40 Jahren ausgeführten U-Bahnbauten, so ist festzustellen, daß sich für Unterpflasterbahnen bevorzugt das Rechteckprofil durchgesetzt hat. Diese Bauart hat gegenüber gewölbten Profilen den Vorteil, daß die Reisenden beim Verlassen des Bahnsteiges eine geringere Höhe zu überwinden haben, und
dass der Tunnelkörper gegebenenfalls weniger tief ins Grundwasser
eintaucht. Der Gleichstrombetrieb mit Stromzuführung über eine
dritte Schiene, der sich bei den U-Bahnen bewährt hat, ergibt gegenüber den Straßenbahntunneln niedrigere Lichtraumhöhen. Die Tunnelhöhen über Schienenoberkante liegen bei ausgeführten U- Bahnen
zwischen 3,60 und 4,20 m, die lichten Breiten schwanken zwischen
6,86 m und 7,60 m, wobei die Mittelstütze bei den neuesten Aus -
führungen fehlt.

Nach dem Verkehrsaufkommen in den mittleren Großstädten wird für
die hier in Frage kommenden U-Bahnen ein kleineres Profil als in
den Weltstädten notwendig sein. Der Untersuchung wurde daher ein
Profil zugrunde gelegt, das im mittleren bis unteren Bereich der
oben angegebenen Abmessungen liegt. In Anlehnung an das "Großpro-
fil" der Berliner U-Bahn wurde ein 2-gleisiger Tunnelquerschnitt

gewählt, der mit einem Gleisabstand von 3,55 m, einer Lichtraum-
profilbreite von 2,95 m, bei einer Wagenbreite von 2,65 m und je
0,20 m breiten Kabelräumen eine gesamte lichte Tunnelweite von
6,90 m erreicht (Bild 1,Tab.1).Das gewählte Breitenmaß ergibt einen Schutzraum für das Streckenpersonal von 0,90 m zwischen den
Fahrzeugbegrenzungslinien und durch Anordnung von 0,10 m tiefen
Nischen in der Tunnelwand zwischen dieser und dem Lichtraumprofil
den notwendigen 0,30 m breiten Raum zur Unterbringung der Stark-
strom- bzw. Schwachstromkabel. Durch Verringerung des Schutzrau-
mes von 0,90 m auf das laut ABU.Strab zulässige Mindestmass von
0,70 m und die Unterbringung des gesamten Kabelraumes in den
Seitenwänden könnten bei gleicher Tunnelbreite 2,95 m breite Wagen eingesetzt werden. Damit würde sich eine Fahrzeugbreite von
2,65 m und bei 2 + 2 Quersitzen in einer Reihe von je 0,48 m eine
Gangbreite von 0,73 m ergeben. Gegenüber der Lichtraumhöhe der
Berliner U-Bahn von 3,60 m wurde die Tunnelhöhe über Schienenoberkante auf 3,80 m deshalb erhöht, um zwischen Lichtraumprofil und
Deckenunterkante einen größeren Abstand zur Verringerung des Luft-
widerstandes der Züge und zur Vornahme von Ausbesserungsarbeiten
zu gewinnen.

Die mit 6,90 m angenommene lichte Tunnelweite erlaubt einen un-
mittelbaren Vergleich mit dem Schnellstraßenbahntunnel, der das
gleiche Breitenmaß besitzt. Die Übereinstimmung dieser Maße ist
für den noch zu behandelnden abschnittsweisen Ausbau des Netzes
bzw. eine spätere Umstellung von Schnellstrassenbahnbetrieb auf
U-Bahnbetrieb von Bedeutung.

Für die U-Bahnen gelten die gleichen gesetzlichen Verordnungen und
Bestimmungen wie für die Schnellstraßenbahnen.

3.2.3 S-Bahn

Maßgebend für die Abmessungen der S-Bahnanlagen ist der Umstand,
daß die S-Bahn in den mittleren Großstädten im Normalfall als Verlängerung eines bereits bestehenden ausgedehnten elektrifizierten
Eisenbahnvorortnetzes mit einer verhältnismäßig kurzen Strecke in
die Stadt hereingeführt bzw. durch sie hindurchgeführt wird. Es
müssen also aus betrieblichen und verkehrlichen Gründen die Vor-
ortzüge der Eisenbahn mit Eisenbahnregelfahrzeugen auf die innerstädtische S-Bahnstrecke übergehen können. Für die S-Bahn bleiben
daher alle Bestimmungen der Eisenbahn- Bau- und Betriebsordnung
(BO) und Sondervorschriften für Hauptbahnen bestehen,soweit nicht
ausdrücklich für diese Bauart Ausnahmen zugelassen sind.

In den mittleren Großstädten kann beim Bau einer S-Bahn im Normalfall von der Stromzuführung durch eine dritte Schiene kein Ge -
brauch gemacht werden, da die innerstädtische Strecke im Vergleich
zu dem ausgedehnten Vorortnetz immer kurz sein wird. Es muß daher
im Interesse eines einheitlichen Stromsystems und der Freizügig-
keit des Betriebs, insbesondere aber aus wirtschaftlichen Gründen,

die Stromart der Vorortstrecken übernommen werden, also in Deutschland Einphasen-Wechselstrom von 15 kV Nennspannung.Die Übertragung dieser hohen Spannung auf das Triebfahrzeug ist nur durch eine Oberleitung möglich und nicht durch eine Stromschiene wegen der mit dem geringen Isolationsabstand verbundenen Gefahren. Dies bedeutet, daß die günstigen Verhältnisse des Gleichstrombetriebs mit Stromschiene hier nicht genutzt werden können. Beim Gleichstrombetrieb kann die Höhe gegenüber dem Regellichtraum um 1,30 m verringert werden, was einmal eine Ersparnis an Baukosten und zum anderen eine Verringerung des Höhenunterschieds zwischen Bahnsteig und Straße für die Reisenden ergibt.

Die 15 kV Wechselstromfahrleitung muss einen elektrischen Sicherheitsabstand von mindestens 0,15 m zum abgesenkten Stromabnehmer des Triebfahrzeugs haben. Mit diesem Abstand muss bei einer Höhe des abgezogenen Stromabnehmers von 4,65 m der unbelastete Fahrdraht auf einer Höhe von 4,80 m liegen. Von der Fahrleitung zur Tunneldecke ist ein Abstand von 0,20 m erforderlich, wobei noch Höhenschwankungen der Fahrleitung von 0,10 m zu berücksichtigen sind. Hinzu kommt ausserdem ein Zuschlag von 30 mm als Ausgleich für unvermeidbare Ungenauigkeiten bei der Bauausführung,sodaß sich insgesamt 5,13 m als Mindesthöhe für den Tunnel ergeben. Bei dieser Tunnelhöhe müssen für die Aufhängung der Fahrleitung in 10 m Abständen 0,15 m tiefe Nischen in der Tunneldecke angeordnet sein. Die lichte Tunnelweite errechnet sich unter Zugrundelegung der Abmessungen des S-Bahnprojekts München zu 9,00 m bei einem Gleisabstand von 3,75 m, einer Fahrzeugbreite von 3,15 m zuzüglich 0,10 m für Signallaternen und 2 seitlich liegenden Schutzräumen von je 1,00 m für die Streckenarbeiter und auch für Reisende, die bei Gefahr die Möglichkeit haben müssen, Züge auf der freien Strecke zu verlassen.

Die der Untersuchung zugrunde gelegten Fahrzeug-, Lichtraum- und Tunnelprofile der verschiedenen Bahnarten sind in ihrer gemeinsamen Darstellung im Bild 1 unmittelbar zu vergleichen. Weitere Einzelheiten zu den Profilabmessungen und Gleisabständen sind in Tabelle 1 enthalten.

Verringerung der Profilhöhen bei Gleisverlegung auf Betonplatten der Tunnelsohlen ohne Schotterbett

Während in der vorliegenden Untersuchung die Gleise noch mit einem Schotterbett im Tunnel verlegt sind, ist neueren Entwicklungen [6] folgend zu erwägen, die Gleise ohne Schwellen und Schotterbett direkt auf der Betonsohle des Tunnels zu befestigen,wobei die Aufgaben des Schotters von Gummipolstern übernommen werden. Die Polster (Grundfläche 200 x 200 mm, Dicke 10 bis 20 mm) und Schienenbefestigungen müssen so gestaltet sein, dass beim Verlegen der

---

[6] Emmerich, O.: "Eisenbahngleise auf Betonplatten ohne Schotterbett". Zeitschrift VDI, 1953, Nr. 4

5,13
4,35
3,80
4,80
4,20
3,43
Schutzraum
1,00
0,05
4,95 m
4,40 m
5,83 m
6,90 m
6,90 m
9,00 m
2,50 m
2,65 m
3,15 m
0,90
0,90
3,40 m
3,55 m
3,75 m
1,75
1,475
2,20
0,10
0,20
0,425
Schienenoberkante = 0,0
0,60
0,60
0,70
Profile der
Schnell-
Straßenbahn (T)
U-
Bahn (U)
S-
Bahn (S)
= Wagenbegrenzungslinien
= Lichtraumumgrenzungen
= Jnnere Tunnelbegrenzungslinien

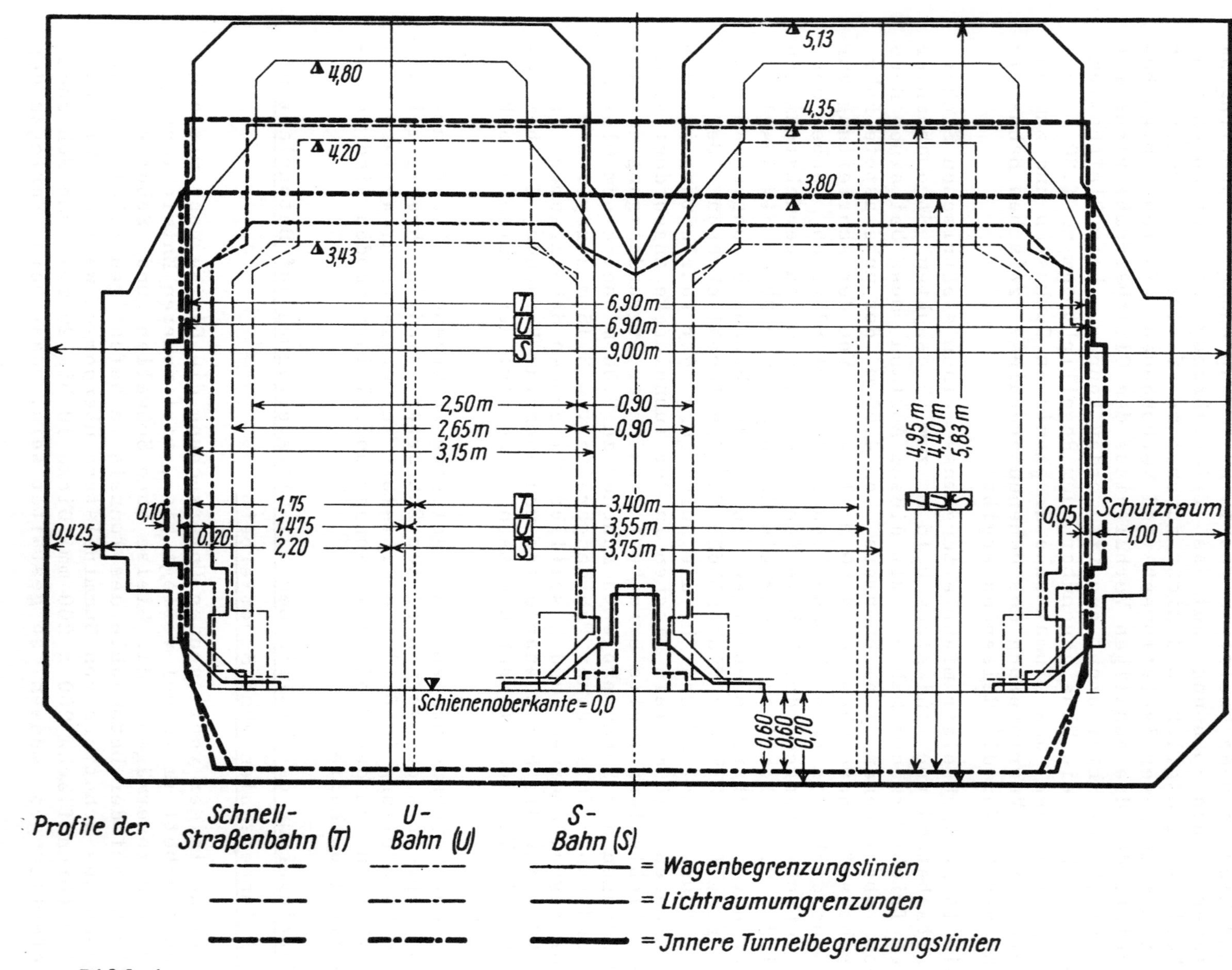

Bild 1

Bahnart	Spur-weite m	Fahrzeug-breite m	Fahrzeug-höhe m 4)	Gleisabstand Freie Strecke m	Gleisabstand Tunnel m	2-gleisiges Profil Freie Strecke Breite m	Höhe 4) m	Tunnel Breite m	Tunnel Höhe m	Anmerkungen
1	2	3	4	5	6	7	8	9	10	11
Strassenbahn	1,00 1,435	2,20	3,28	2,50 2,60	–	5,80	6,00 (4,50)3)	–	–	lt BO Strab
	1,435 1,00	2,50	3,40	3,00	–	6,50	6,00 (4,50)	–	–	VÖV- Blatt 1.211 1.202/1-3
Stadtschnellbahn:										
Schnell-strassenbahn	1,435	2,50	3,40 1) 4,20 2)	3,00	3,40	6,50	6,00 (4,50)	6,90	4,35	dsgl.
U-Bahn	1,435	2,65 (2,67)	3,43	3,25	3,55	7,30	3,80 3) (3,60)	6,90	3,80 (3,60)	U-Bahn Berlin Grossprofil
(U-Bahn	1,435	3,15	3,60	–	4,33	–	–	8,63	3,83	Nur nachrichtlich : Nord-Süd-S-Bahn Berlin)
Vorstädtische Stadtschnellbahn S-Bahn	1,435 (3,08)	3,15	4,28 1) 4,65 5) 4,80 2)	4,00	3,75	9,00	5,50	9,00	5,13	S-Bahnprojekt München lt. BO-Sondervorschriften

Anm. 1) Grösste Wagenhöhe einschliesslich Aufbauten
2) Niedrigste Fahrdrahtlage am Aufhängepunkt unter Bauwerken
3) Kleinste Lichtraumhöhe unter Bauwerken
4) Höhe über Schienenoberkante
5) Höhe des abgezogenen Stromabnehmers

Tabelle 1. Profilmasse der Strassenbahn, Schnellstrassenbahn, U-Bahn und S-Bahn

18

Schienen Ungenauigkeiten in der Betonsohle ausgeglichen werden können und ein sicheres Halten der Schiene nach Höhe und Richtung ge-
währleistet ist. Außerdem müssen die Gummipolster zur Schall- und
Stromisolierung geeignet sein. Wenn auch die bisher guten Erfahrungen im praktischen Betrieb bei verschiedenen Eisenbahnen wegen
der erst kurzen Erprobungszeiten noch kein abschließendes Urteil
zulassen, so verdienen gerade im U-Bahnbau diese neuen Konstruk-
tionselemente besondere Beachtung, da sie bei den Schnellstraßenbahnen und U-Bahnen eine Verringerung der Tunnelhöhe von 40 cm,bei
den S-Bahnen von 50 cm ergeben würden. Neben einer grösseren Bequemlichkeit für die Reisenden beim Verlassen der Bahnsteige würde
der Wegfall der Schotterbettung einer Baukostenermäßigung von rund
5 % entsprechen. Hinzu kommt noch die ausgezeichnete Reinigungs-
möglichkeit im Tunnel, so daß sich die heutigen Geruch- und Staub-
belästigungen auf ein Mindestmaß herabdrücken ließen.

3.3. Haltestellenabstände und Bahnsteiglängen

Bei der Ermittlung der kilometrischen Anlagekosten müssen die anteiligen Kosten der Haltestellen und Bahnhöfe berücksichtigt werden. Diese sind neben ihrer Ausstattung hauptsächlich abhängig von
den Bahnsteiglängen und den Haltestellenabständen, die wiederum je
nach Bahnart und Örtlichkeit verschieden sein werden.

Die Haltestellenabstände üben einen erheblichen Einfluss auf die
Reisegeschwindigkeit und damit auf die Leistungsfähigkeit der Bahn
aus, Ebenso beeinflussen sie ihre Wirtschaftlichkeit und zwar auf
der Ausgabenseite hinsichtlich der Bau- und Betriebskosten und auf
der Einnahmenseite durch die wiederum von den Haltestellenabständen abhängige Größe des verkehrlichen Einzugsgebiets.Auch für die
Entlastung der innerstädtischen Hauptverkehrsstrassen vom öffentlichen Oberflächenverkehr, sowie vom individuellen Verkehr sind die
Abstände von wesentlicher Bedeutung. Es muß zwischen den Forderungen der betriebsführenden Stellen nach möglichst weiten Haltestellenabständen und den Wünschen der Verkehrskunden nach verhältnismäßig geringen Abständen eine Synthese gefunden werden.Ebenso sind
städtebauliche Gesichtspunkte zu berücksichtigen, damit durch zu
weite Abstände im Stadtinnern keine Zusammenballungen der Fussgän-
gerströme entstehen. In den mittleren Großstädten mit ihren verhältnismäßig eng begrenzten Stadtkernen werden im Gegensatz zu den
Weltstädten engere Haltestellenabstände zur Entlastung der Stras-
senflächen notwendig sein. Voraussetzung dafür ist aber, daß durch
den Einsatz von leistungsfähigen Fahrzeugen mit hohen Anfahrbe-
schleunigungen und durch eine Verkürzung der Aufenthaltszeiten,die
durch fahrzeugtechnische und organisatorische Massnahmen erreicht
werden kann, trotz der kürzeren Haltestellenentfernungen, verhältnismäßig hohe Reisegeschwindigkeiten erzielt werden.

Die der Untersuchung in Anlehnung an die Verhältnisse in einigen
Großstädten zugrunde gelegten Haltestellenabstände in den einzelnen Stadtgebieten sind in Tabelle 2 angegeben.

Stadtgebiet	Haltestellenabstände in m			
	Straßen-bahn	Schnell-straßen-bahn	U-Bahn	S-Bahn
1	2	3	4	5
<u>Innenstadt</u>: Bahn im Straßenraum	350	–	–	–
Tunneltiefbahn, Pfeilerbahn	–	500	650	800
<u>Vorstadt</u> (Hauptwohngebiet) Offene Tiefbahn zwischen Stützmauern, Hochbahn auf Stützmauern	–	400	700	1000
<u>Außenbezirke</u> (Vororte) Geländebahn mit eigenem Bahnkörper, Offene Tiefbahn mit Böschungen, Dammbahn	–	800	1200	1500

Tabelle 2. Haltestellenabstände in den verschiedenen Stadtgebieten

Die Bahnsteiglängen, die sich aus den gewählten Wagentypen und Zug-
bildungen unter Einrechnung eines Sicherheitszuschlags ergeben,
sind in Tabelle 3 zusammengefaßt. Hierbei wurde die Bahnsteiglänge
der S-Bahn größer gewählt, als dies für den angegebenen Wagenzug
augenblicklich erforderlich ist, um längere Züge aufnehmen zu können, die durch eine Weiterentwicklung des Vororts- und Bezirks-
verkehrs im Zuge der angestrebten Auflockerung der Städte notwendig werden. Bei der U-Bahn wurde diese Maßnahme nicht für notwendig erachtet, da es sich hier im Gegensatz zur S-Bahn um ein be-
grenztes in sich abgeschlossenes Netz handelt.

Bahnart	Wagen-länge m	Wagen je Zug	Zug-länge m	Platz-zahl	Bahn-steig-länge m	Bemerkungen
1	2	3	4	5	6	7
Straßen-und Schnellstras-senbahn	14,22	2	28,44	200	30	Großraumwagen lt. VÖV-Blatt 1.114.52
					60	(2 Züge)
U-Bahn	18,40	2x3	110,40	1000	120	Großprofil U-Bahn Berlin
S-Bahn	20,00T 20,30B	2x3	122,65	1300	160	Entwurf Münchener S-Bahn

Tabelle 3. Zug- und Bahnsteiglängen

4. Kosten der festen Bahnanlagen der freien Strecke sowie der Bahnhöfe und Haltestellen

4.1. Notwendigkeit einer einheitlichen Kostenermittlung

Bei der Umgestaltung eines Verkehrssystems wird immer die Frage nach den Baukosten, die bei den verschiedenen Lösungsmöglichkeiten aufzuwenden sind, grundlegendes Gewicht behalten und Ausgangspunkt für die weiteren Erwägungen bleiben.

Diese Frage kann nicht durch einen Baukostenvergleich mit anscheinend ähnlich gelagerten Bauausführungen in anderen Städten beantwortet werden. Die häufig in einer Gesamtsumme aufgeführten Baukosten anderer Bauausführungen sind bestenfalls als roher Überblick verwendbar, da sie vielfach auf nicht angegebenen oder nicht nachprüfbaren Grundlagen beruhen. Auch sind in der Regel die Abschnitte von Tiefbahnen, Hochbahnen und Geländebahnen nur in einer Summe enthalten. So geht aus den Veröffentlichungen durchweg nicht hervor, ob bei den angegebenen Bahnen die Kosten für die einzelnen Anlagetitel lückenlos erfaßt wurden, also beispielsweise, welche Höhe die Grunderwerbskosten und Entschädigungsgebühren erreicht haben, welche besonderen geologischen Verhältnisse und Grundwasserstände angetroffen wurden, in welchem Umfang die Anlage und Ausstattung der Bahnhöfe erfolgte, welches Ausmaß die Gebäudeunterfahrungen und - sicherungen sowie die Verlegungen von städtischen Leitungen angenommen haben und schließlich, ob und in welcher Höhe die Beträge für die Unterhaltung der Anlagen bis zur Betriebseröffnung, die Bauzinsen und die Kosten der Planung, Bauleitung und Verwaltung, berücksichtigt wurden. Deshalb sind die Größen der für ein spezielles Objekt notwendigen Zu- oder Abschläge überhaupt nicht, oder jedenfalls nur sehr schwierig zu ermitteln. Hinzu kommt außerdem noch, daß die Kaufkraft des Geldes für Löhne und Materialien in den einzelnen Baujahren und den verschiedenen Ländern erhebliche Unterschiede aufweist. Da sich die Bauvorhaben zudem meistens über eine längere Bauzeit mit stark wechselnden Bauindexen erstrecken, kann das Verhältnis zur heutigen DM niemals mit hinreichender Sicherheit festgestellt werden.

Die Methode, die Baukosten einfach als Produkt aus Bahnlänge und Einheitssatz für einen Kilometer Bahn zu ermitteln, genügt also bei der Vielfalt der besonderen örtlichen Verhältnisse nicht für eine zuverlässige Veranschlagung. Ganz unmöglich ist es aber, aus diesen globalen Werten Baukostenunterschiede zwischen den einzelnen Bahnarten, also der Straßenbahn, der U-Bahn und der S-Bahn, abzuleiten.

Es war daher nicht zu umgehen, als Unterlage für die Selbstkostenberechnung die Anlagekosten der verschiedenen Bahnarten in ihren praktisch vorkommenden Raumlagen als Gelände-, Tief- oder Hochbahnen jeweils mit den gleichen örtlichen Grundlagen zu ermitteln.

4.2. Die Kostenanschläge für die einzelnen Anlagetitel

Um bei den Kostenanschlägen einen hohen Grad an Genauigkeit zu erreichen, mußten also mit besonders aufgestellten Entwürfen (Anhang, Bilder 2 - 38) die Massen der Bauteile nach Einzelpositionen ermittelt sowie die verschiedenen Baukosten bei mittleren Verhältnissen und mit den gleichen Einheitspreisen -der Untersuchung sind die Preise des Jahres 1953 zugrunde gelegt- festgestellt werden. Hierbei sind Annahmen nur dort gemacht worden, wo dies nach Lage der Dinge unvermeidbar war. Soweit Umrechnungen von Baukosten früherer Jahre auf das Jahr 1953 notwendig waren, wurde die amtliche Preisindexziffer für den Wohnungsbau herangezogen, da ein reiner Tiefbauindex bisher nicht zur Verfügung steht.

Jahr	Gegenstand	Index %
1936	Gesamtbaukosten	100
1953	Gesamtbaukosten	230
	Löhne	220
	Baustoffe	240
1936	Grundstückswerte	100
1953		150

Der Massen- und Kostenermittlung sind Verhältnisse von mittlerer Schwierigkeit zugrunde gelegt, die im einzelnen bei der nachfolgenden Behandlung der verschiedenen Sachtitel der Anlagekosten näher erläutert werden. Die aufgeführten Preise sind Richtpreise und nur im Zusammenhang des Ganzen zu betrachten. Sie können lediglich dazu dienen, den Vergleich in kostenmäßiger Hinsicht zu ermöglichen und geben somit für den einzelnen Fall nur die Größenordnung der bei einer Vergebung nach dem Preisstand von 1953 tatsächlich anfallenden Kosten an. Die Ergebnisse sind daher als Durchschnittswerte anzusehen und je nach Umständen in Einzelteilen oder im Ganzen zu berichtigen.

Als Einheit der Kostenermittlung wurde das Maß von 1 m zweigleisiger Strecke gewählt, unter Einbeziehung der anteiligen Bahnhofskosten.

Die Aufgliederung der Anlagekosten nach den einzelnen Sachgebieten erfolgt in folgendem Schema:

Anlagetitel	Gegenstand
I	Grunderwerb einschl. Nutzungsentschädigungen
II	Herstellung des Bahnkörpers
III	Wegübergänge, Unter- und Überführungen, Seitenwege
IV	Tunnel- und Untergrundbahnen
V	Oberbau
VI	Signalanlagen
VII	Elektrische Streckenausrüstung einschl. Unterwerken
VIII	Fernmeldeanlagen
IX	Haltestellen und Bahnhöfe
X	Betriebsbahnhöfe, Werkstätten, Verwaltungsgebäude
XI	Außergewöhnliche Anlagen (Leitungsverlegungen, Gebäudeunterfahrungen)
XII	Unterhaltung der Anlagen bis zur Betriebseröffnung
XIII	Bauzinsen
XIV	Planung, Bauleitung, Verwaltung

4.2.1. Anlagetitel I. Grunderwerb und Nutzungsentschädigungen

In der Untersuchung fanden die Aufwendungen für den Grunderwerb wegen ihres hohen Anteils an den gesamten Anlagekosten in vollem Umfang Berücksichtigung, auch wenn im Einzelfall die Gemeinde als Eigentümerin oder Teilhaberin der Bahn dem Unternehmen den Grund und Boden kostenlos zur Verfügung stellt.

Im Hinblick darauf, daß sich im allgemeinen die benötigten Grundstücke bereits in einem gewissen Umfang im Besitz der Gemeinde befinden dürften, wurden jedoch für den Grunderwerb, einschließlich Steuern und Gebühren nicht die hohen Preise von 1953 sondern nur folgende Mittelwerte (Stoppreise) eingesetzt:

Stadtbezirk		Grundstückspreise
Innenstadt	=	$200.- \text{ DM/m}^2$,
Vorstadt (Hauptwohngebiete)	=	$80.- \text{ DM/m}^2$,
Außenbezirke	=	$7.- \text{ DM/m}^2$.

4.2.1.1. Strecke

Die Höhe der den einzelnen Bahntypen jeweils anzulastenden Grundstückspreise richtet sich nach deren allgemeinen Standorten. Der Innenstadt werden die Straßenbahnen ohne und mit besonderen Bahnkörpern sowie die Unterpflaster- und Pfeilerhochbahnen zugeteilt, den Vorstädten die Tief- und Hochbahnen zwischen Stützmauern, den Aussenbezirken die Geländebahnen mit eigenen Bahnkörpern sowie die

Einschnitt- und Dammbahnen. Bei der normalen Straßenbahn kam nur
die halbe Grundfläche zur Anrechnung, da anzunehmen ist, daß der
Gleisraum zur Hälfte noch dem Kraftfahrzeugverkehr zur Verfügung
steht. Die jeweils erforderlichen Grundstücksflächen gehen aus den
Bildern 2 - 38 (Anhang) hervor.

Besondere Verhältnisse liegen bei den Unterpflasterbahnen vor. Hier
handelt es sich weniger um Grunderwerbskosten als vielmehr um
Nutzungsentschädigungen, den Erwerb von Unterfahrungsrechten und gegebenenfalls den Ankauf ganzer Gebäudeblöcke, bei denen die durch
den Bau verursachten Entschädigungen höher liegen würden, als der
Ankauf der gesamten Objekte. Wegen der örtlich sehr verschiedenen
Verhältnisse können für die hierbei aufzuwendenden Beträge keine
allgemein gültigen Werte angegeben werden. Als größenordnungsmäßiger Anhalt wurde auf die nachfolgenden, von Bousset [7] für neuere
Berliner U-Bahnbauten angegebenen Grunderwerbskosten zurückgegriffen.

Nr	Linie	Baujahr	km	Mio RM	Einzelwert 1928–1930	Mittelwert 1953
					Mio RM bzw Mio DM/km	
1	2	3	4	5	6	7	8
1	D	1930	3,44	11,02	3,2	
2	D	1928	5,65	4,17	0,7	1,50	2,25
3	E	1930	7,85	8,96	0,5	
Anmerkung zu						
1: Strecke Gesundbrunnen - Neanderstr. mit 7 Bahnhöfen						
2: Strecke Neanderstr. - Jüdenstr. mit 7 Bahnhöfen						
3: Strecke Jüdenstr. - Friedrichsfelde mit 10 Bahnhöfen						

Tabelle 4. Grunderwerbskosten für U-Bahnbauten

In die Kostenanschläge für die Unterpflaster-U-Bahn wird aufgrund
der obigen Angaben für den Grunderwerb und die Entschädigung ein Betrag von 2 250.- DM/m 2-gleisige Strecke einschließlich der Bahnhöfe eingesetzt. Der gleiche Betrag kommt für die S-Bahn trotz der
größeren Tunnelbreite und Halbmesser in Anrechnung, wobei Ausgleich
bei den später behandelten unterschiedlichen Unterfahrungskosten erfolgt. Bei der Unterpflasterstraßenbahn werden die Nutzungsentschädigungen und Grunderwerbskosten geringer sein als bei den U- oder
S-Bahnen, da wegen der kleineren Krümmungshalbmesser weniger Gebäudeunterfahrungen notwendig sind. Größenordnungsmäßig wird daher bei
der Strassenbahn nur ein Drittel des obigen Betrags, nämlich
750.- DM/m 2-gleisiger Tunnel angerechnet. Nutzungsentschädigungen
für beim Bau vorübergehend benutzte Grundstücke, beispielsweise bei
Baugruben mit Böschungen, sind mit 6.- DM/m^2 berücksichtigt.

---

7) Bousset, J.: "Die Berliner U-Bahn". Seite 133 u.134, Berlin 1935

4.2.1.2. Haltestellen und Bahnhöfe

Der für die Haltestellen und Bahnhöfe notwendige Grunderwerb ist von der Zahl und Größe der Bahnsteige, Treppen und Empfangsgebäude abhängig. Dem Grunderwerb für die verschiedenen Bahnarten wurden die in der Tabelle 5 zusammengestellten Haltestellen bzw. Bahnhofsabstände, sowie Abmessungen der Bahnsteige und Empfangsgebäude zugrunde gelegt. Der außerhalb der durchgehenden Strecke in Abhängigkeit von der Haltestellenentfernung auf den lfdm Strecke umzulegende Flächenbedarf der einzelnen Haltestellen und Bahnhöfe ist in der Tabelle 22 (Anhang) errechnet.

| Bahnart / Raumlage | Haltestellen- bzw. Bahnhofs- | | Bahnsteige | | | EG [2) |
	Lage 1)	Abstand m	Zahl	Breite m	Länge m	m²
1	2	3	4	5	6	7
1) Straßenbahn						
Schnellstraßenbahn						
Bahn im Straßenraum 2)	J	350	2	1,5	60	–
Geländebahn mit eigenem Bk	A	800	2	3,0	30	–
Tiefbahn, Böschungen	A	800	2	3,0	30	–
Tiefbahn, Stützmauern	V	400	2	3,0	30	–
Unterpflasterbahn	J	500	2	4,0	60	–
			2	Treppen		
Pfeilerbahn	J	500	2	4,0	60	–
			2	Treppen		
2) U-Bahn						
Geländebahn mit eigenem Bk	A	1200	2	4,0	120	240
Tiefbahn, Böschungen	A	1200	2	4,0	120	180
Tiefbahn, Stützmauern	V	700	2	4,0	120	240
Unterpflasterbahn	J	650	2	4,0	120	–
			4	Treppen		
Dammbahn	A	1200	2	4,0	120	180
Bahn auf Stützmauern	V	700	2	4,0	120	240
Pfeilerbahn	J	650	2	4,0	120	240
			4	Treppen		
3) S-Bahn						
Geländebahn mit eigenem Bk	A	1500	2	4,0	160	300
Tiefbahn, Böschungen	A	1500	2	4,0	160	240
Tiefbahn, Stützmauern	V	1000	2	4,0	160	300
Unterpflasterbahn	J	800	1	8,0	160	–
			2	Treppen		
Dammbahn	A	1500	2	4,0	160	240
Bahn auf Stützmauern	V	1000	2	4,0	160	300
Pfeilerbahn	J	800	2	4,0	160	300
			4	Treppen		

Anmerkung: 1) J = Innenstadt, V = Vorstadt, A = Außenbezirk
2) EG = Empfangsgebäude, Bk = Bahnkörper

Tabelle 5. Haltestellen- bzw. Bahnhofsabstände, Abmessungen der Bahnsteige und Empfangsgebäude

4.2.1.3. Betriebsbahnhöfe, Werkstätten, Verwaltungsgebäude

Der Umfang der Betriebsgrundstücke hängt im wesentlichen von der Wagenzahl des Bahnunternehmens ab.

Für die Strassenbahn läßt sich aus einer Veröffentlichung von Pohl [8] ein guter Mittelwert errechnen. Bei fünf Straßenbahnbetrieben in deutschen Großstädten sind auf einer gesamten Betriebslänge von 743 km 4 882 Trieb-und Beiwagen eingesetzt, d.h. im Mittel 6,6 Fahrzeuge je Betriebskilometer. Hiermit ergeben sich bei einem durchschnittlichen Flächenbedarf von 100 m^2 je Wagen und einem angenommenen Grundstückspreis von 40.- DM je m^2 für 1 km 2-gleisige Strecke zusätzliche Grunderwerbskosten für die Betriebsbahnhöfe in Höhe von 26 400.-- DM.

Bei der U-Bahn wurde der Betrag für den Erwerb der Betriebsgrundstücke nach den Verhältnissen bei den Berliner U-Bahnen ermittelt. In der Tabelle 23 (Anhang) sind die Flächen und Bodenwerte der Berliner Hauptwerkstätten und Wagenhallen zusammengestellt. Bei einem vorhandenen Wagenpark von 1100 Fahrzeugen ergibt sich ein Flächenbedarf von 262 m^2 je Wagen. Auf 1 Betriebskilometer entfallen bei 80,160 km Betriebslänge 13,75 Wagen. Mit dem in der Tabelle errechneten mittleren Grundstückspreis von 21,40 DM je m^2 betragen die Grunderwerbskosten 77 000.- DM je Streckenkilometer.

Bei der S-Bahn wurden nur 80 % der Grundstückswerte der U-Bahn, nämlich 62 000.- DM/km eingesetzt, da bei der höheren Reisegeschwindigkeit der S-Bahn ein kleinerer Fahrzeugpark erforderlich ist.

4.2.2. Anlagetitel II. Herstellung des Bahnkörpers

Die Geländebahnen mit eigenem Bahnkörper, die offenen Tiefbahnen im Einschnitt und zwischen Stützmauern, bzw. bei Grundwasser im Trog, sowie die Hochbahnen auf einem Damm, auf Stützmauern und Pfeilern sind mit allen wesentlichen Massen und Einzelheiten im Querschnitt in den Bildern 4-7, 10-14, 22-28,36-38 (Anhang) dargestellt.

Bei den offenen Tief- und Hochbahnen ist die Höhenlage der Schienenoberkante so angeordnet, dass die von der Bahnstrecke gekreuzten Straßen ohne Anhebungen oder Absenkungen durchgeführt werden können.

---

8) Pohl, M.:"Die Wettbewerbsgrenzen der öffentlichen großstädtischen Straßenverkehrsmittel". Großdeutscher Verkehr 1943, S.48 und 54

Für die Baukörper der offenen Tiefbahnen werden außerhalb des Grundwassers Schwergewichtsmauern,im Grundwasser Stahlbetontröge mit Eckaussteifungen verwendet.

Für die Hochbahnviadukte sollten anstelle der bisher vorwiegend angewandten zweistieligen Stahlkonstruktionen zur Verminderung der Fahrgeräusche und aus ästhetischen Gründen Stahlbeton- bzw. Spannbetonkonstruktionen mit Mittelpfeilern vorgesehen werden. Diese einstielige Ausführung erfordert zwar gegenüber einer zweistieligen Konstruktion höhere Baukosten, beansprucht aber weniger Strassenraum und ergibt eine günstigere Straßenaufteilung. (Bilder 10, 24, 38, Anhang).

Die vorstehend aufgeführten Querschnitte bildeten die Grundlagen für die in den Tabellen 53-59 (Anhang) durchgeführten Massen- und Baukostenberechnungen.Es wurden sämtliche Arbeiten erfaßt, die im Normalfall vorkommen, Keine Berücksichtigung fanden Besonderheiten, wie schlechter Untergrund, spezielle Böschungsbefestigungen, Tiefenentwässerungen. Bei den Kunstbauten geht die Art der Ausführung aus den Kostenanschlägen (Tabellen 24 - 29, Anhang) hervor. Den Preisen für die Erdarbeiten liegt allgemein die Bodenklasse C lt. DIN 1962 zugrunde, d.h. also mittlerer Boden (festgelagerter Lehm, kiesiger Lehm, leichter Ton) mit einem Böschungswinkel von etwa 60°,der mit Spitzhacke, Breithacke oder Spaten lösbar ist. Die Bodenrichtpreise gelten im Zusammenhang mit Baggerbetrieb und Abtransport mittels Lastkraftwagen bis 3 km Entfernung.

Die Ergebnisse der Baukostenberechnung sind in der Tabelle 6 zusammengefaßt und getrennt nach Erdarbeiten, Zimmer-, Beton- und Nebenarbeiten, sowie Wasserhaltung, in den Ergebnistabellen (Tabelle 18 bis 20, Anhang) aufgeführt.

Raumlage der Bahn	Bild			Tabelle	Baukosten/m 2-gl. Strecke		
					Schnellstraßenbahn	U-Bahn	S-Bahn
					DM	DM	DM
1	2			3	4	5	6
Geländebahn							
mit eigenem Bahnkörper	4	11	25	24	93.-	89.-	106.-
Offene Tiefbahn							
im Einschnitt	5	12	26	25	838.-	741.-	1 029.-
zwischen Stützmauern	6	13	27	26	5 016.-	4 021.-	6 184.-
im Trog (Grundwasser)	7	14	28	26	6 041.-	5 907.-	8 593.-
Hochbahn							
auf Damm	–	22	36	27	–	483.-	558.-
auf Stützmauern	–	23	37	28	–	3 028.-	3 263.-
auf Pfeilern	10	24	38	29	4 392.-	4 548.-	5 228.-

Tabelle 6. Baukosten zur Herstellung des Bahnkörpers

4.2.3. <u>Anlagetitel III. Wegübergänge, Unter- und Überführungen,</u>

   <u>Seitenwege</u>

Straßenkreuzungen im Niveau sind bei den Stadtschnellbahnen unzulässig, mit Ausnahme bei den Schnellstrassenbahnen auf besonderen Bahnkörpern, bei denen aber die Zahl der Kreuzungen, gegebenenfalls durch den Ausbau von Umleitungen, möglichst auf die Haltestellenabstände zu beschränken ist. In der Untersuchung wurde für die innerstädtischen Strassenbahnen ein Durchschnittsabstand von 350 m angenommen. Den offenen Tiefbahnen und Hochbahnen in den Vorstädten und Aussenbezirken sind Über- oder Unterführungen für den Querverkehr im Abstand von 600 m bzw. 1200 m zugrunde gelegt worden. Die Kosten, die sich für die Bahnkreuzungen und Seitenwege ergeben, sind in den Tabellen 30 und 31 (Anhang) ermittelt.

Die Bestimmungen des Kreuzungsgesetzes, wonach die halben Kosten der Überwege zu Lasten des Bahnunternehmens gehen, wurden· nicht angewandt, da bei dem Vergleich die Aufteilung der Anlagenkosten auf verschiedene Kostenträger unwesentlich ist.

4.2.4. Anlagetitel IV. Tunnel- und Untergrundbahnen

4.2.4.1. Unterpflastertunnel

Mit Rücksicht auf eine günstige Verkehrslage der Unterpflasterbahn wurde der Baukostenermittlung durchweg die kostspielige
Linienführung unter Hauptstraßen mit Gebäudeunterfahrungen zugrunde gelegt und nicht eine Trasse, die in der Hauptsache
durch unbebautes Gelände führt.

a. Tiefenlage

Der Unterpflastertunnel wurde so tief gelegt, daß zwischen der
Oberkante der Tunnelkonstruktion und der Straßenoberfläche ein
Mindestabstand von 1,50 m vorhanden ist. Diese Tiefenlage hat
sich mit Rücksicht auf die frostfreie Verlegung der Versorgungsleitungen und eventuelle Anpflanzungen über dem Tunnelkörper als zweckmäßig erwiesen. In den Bahnhöfen ist man wegen
der meistens notwendigen Anordnung von Quertunneln als Zugang
zu den Bahnsteigen an die 1 $^{1}/2$-fache Tiefenlage gebunden (vgl.
Bild 40, Anhang).

Aus wirtschaftlichen Gründen wird zweckmäßig bei der Überschüt-
tung der Tunneldecke eine Höhe von 2 m nicht überschritten.
Im gegebenen Fall ist dafür eine größere Tunnelhöhe anzuordnen.

Es wäre in besonderen Ausnahmefällen, wenn beispielsweise Bahnhöfe ohne Quertunnel vorgesehen sind oder keine städtischen
Leitungen über dem Tunnel verlegt werden müssen, zu erwägen,
eine Spannbetonkonstruktion mit direkt befahrener Platte ohne
besondere Abdichtung entsprechend dem neuzeitlichen Brückenbau
vorzusehen. Diese Art der Ausführung würde eine erhebliche Re-
duzierung der Baukosten mit sich bringen, die zu 15 bis 20 %
ermittelt wurde.

b. Tunnelquerschnitt

Betrachtet man die in neuerer Zeit im In- und Ausland ausgeführten Unterpflastertunnel, dann zeigt sich, dass beinahe
durchweg Rechteckquerschnitte in Stahlbeton oder Verbundkon-
struktion teils mit, teils ohne Mittelstützen, gewählt wurden.
Wegen der guten Erfolge bei der Bauausführung mit diesen Profilen und des günstigen Verhältnisses zwischen Aushubquer-
schnitt und nutzbarem Tunnelprofil wurden der Untersuchung
ebenfalls Rechteckquerschnitte zugrunde gelegt, wobei auch
ausserhalb des Grundwassers eine durchgehende Sohle mit durch-
laufender Dichtung gegen aufsteigende Feuchtigkeit und Geruch
angeordnet ist. Wie bei der S-Bahn Berlin und der U-Bahn Mos-
kau, sind keine Mittelstützen vorgesehen. Der durch die Anordnung von Mittelstützen sich ergebende Vorteil der geringeren

Deckenstärken würde durch die dann erforderlichen größeren Tunnelbreiten aufgehoben. Die Mehrbreiten würden bei der Straßenbahn 0,80 m, bei der U-Bahn 0,45 m und bei der S-Bahn 1,25 m betragen. Außerdem würde in den Tunnelstrecken, die in Krümmungen verlaufen, die Übersichtlichkeit über die Signale herabgemindert.

Für die Ausbildung des Tunnelkörpers der freien Strecke ist, den günstigen Ergebnissen beim Bau des Probeloses der Münchener S-Bahn (1938 bis 1941) entsprechend, als stahlsparende Bauweise ein geschlossener Stahlbetonrahmen vorgesehen. Die für einen solchen Rahmen zweckmäßigen Eckaussteifungen können jedoch nur zwischen Sohle und Tunnelwänden angeordnet werden, während obere Eckaussteifungen wegfallen müssen, um die Signale jeweils rechts anordnen zu können. Die für den Anlagekostenvergleich gewählten Sohlen-, Wand- und Deckenstärken gehen aus den Bildern 8, 9, 15, 16, 29 und 30 (Anhang) hervor. Offene Rahmen mit einer Betonkappendecke zwischen Peiner-Breitflanschträgern haben sich als nicht besonders zweckmäßig und wirtschaftlich erwiesen. Neben dem erhöhten Stahlverbrauch wirkten die starken Profile (IP 34 bis IP 80) nach den Erfahrungen mit vorhandenen Tunnelkonstruktionen oft als Fremdkörper und verursachten zusammen mit dem Schwindvorgang zahlreiche Deckenrisse. Wenn auch diese Kappenrisse statisch von geringerer Bedeutung sind, so stehen sie doch in zahlreichen Fällen mit aufgetretenen Dichtungsschäden in ursächlichem Zusammenhang.

c. Dichtung

Eine der schwierigsten Aufgaben beim Bau von Tunnelanlagen ist die Ausführung einer einwandfreien Abdichtung des Baukörpers gegen das Grund- und Oberflächenwasser. Dabei hat die Dichtung bei Gleichstrombahnen neben ihrer eigentlichen Aufgabe noch eine zweite Aufgabe zu erfüllen, nämlich die elektrische Isolierung der Bahnanlagen gegen das umgebende Erdreich herzustellen, um Korrosionserscheinungen durch vagabundierende Ströme der Bahnerde am benachbarten städtischen Leitungsnetz auszuschalten.

Nach neueren Erkenntnissen ist viellagigen dünnen hartgetränkten Pappen (333er Bitumenpappe), gegenüber dickeren Pappen (500er oder 625er Wollfilzpappe nach DIN 4031) geringerer Lagenzahl, der Vorzug zu geben. Ausserdem darf angenommen werden, daß in Zukunft auch die modernen Dichtungsverfahren (Metallfolien und Kunststoffe von hoher Dehnfähigkeit) mit gutem Erfolg zur Dichtung der Unterpflastertunnel herangezogen werden können. Für die Lebensdauer der Dichtung ist im Hinblick auf das Schwinden des Betons ein ständiger Anpressungsdruck mit mindestens 0,1 kg/cm^2 von wesentlicher Bedeutung. Durch leicht geneigte Tunnelaußenwände wird das gewünschte Anpressen der Dichtung besser erreicht als bei senkrechten Wänden, wo gelegentlich ein Abziehen der Dichtung zu beobachten ist.

Der Untersuchung ist durchweg ein Grundwasserstand von 3 m unter

Strassenoberfläche zugrunde gelegt. Die Isolierung wurde nach der
bei der S-Bahn üblichen Ausführung wie folgt ausgebildet:

$$
\begin{array}{lcl}
\text{Höchster Grundwasserstand} & = & \pm\ 0,00\ \text{m}, \\
\text{Bereich der 2-fachen Dichtung} & = & +\ 1,00\ \text{m und höher}, \\
\text{Bereich der 3-fachen Dichtung} & = & +\ 1,00\ \text{m bis} - 2,50\ \text{m}, \\
\text{Bereich der 4-fachen Dichtung} & = & -\ 2,50\ \text{m und tiefer}.
\end{array}
$$

In Abschnitten, die ausserhalb des Grundwassers liegen, ist eine
2-fache durchgehende Dichtung angeordnet. Als Unterlage für die
Dichtung der Sohle wird ein 10 cm starker Unterbeton und zum
Schutz der Dichtung eine 5 cm starke innere Betonschicht vorgesehen. Wände und Decke erhalten eine 10 cm starke Betonschutzschicht.

d. Baumethoden

Die für die Herstellung des Tunnelkörpers zu wählende Baumethode
ist abhängig von den Boden - und Grundwasserverhältnissen, der
Möglichkeit von Straßensperrungen und den zur Verfügung stehenden
Baugrubenbreiten. Bei den großen örtlichen Verschiedenheiten lassen sich für die Vergleichsberechnungen keine allgemein gültigen
Ausführungsarten finden. Der Baukostenermittlung für die Unterpflastertunnel wurden daher Ausführungsarten zugrunde gelegt, die
nicht als Spezialbauweisen anzusprechen sind. Es sind dies:

a. Die Berliner-Rammträger-Bohlwand-Methode mit Abdeckung der
   Straßenfahrbahn,
b. die gleiche Methode ohne Abdeckung der Straßenfahrbahn,
c. offene Baugrube mit unter 60° geneigten Böschungen und
d. offene Baugrube mit Böschungen im oberen Teil und anschlies-
   sender Abschachtung;

(Bilder 8, 9, 15, 16, 29 und 30, jeweils a) - d); Anhang).

Bei der Rammträgerbohlwandmethode (Bild 29 e, Anhang) dienen als
Baugrubenbegrenzung im Abstand von 2,0 m, bei Baggeraushub von
2,5 m, eingerammte Stahlträger. Zwischen diesen werden der tiefer-
gehenden Ausschachtung folgend, zur Abfangung des Bodens, horizontale Bohlen eingezogen und gegen die inneren Flanschen verkeilt.
Die so entstehenden beiderseitigen Rammträgerbohlwände werden ge-
geneinander mit Rundholzsteifen, die in horizontalen U-Eisen ru-
hen, abgestützt. Bei großer Baugrubenbreite sind zur Verringerung
der Knicklänge der Steifen eine oder mehrere zusätzliche Mittelrammungen im Abstand von 6 m erforderlich. Diese Mittelrammungen
erhalten zur Übertragung von auftretenden Längskräften in den oberen Steifenlagen einen durchgehenden Längsverband. Jedes 2. bis
4. Feld wird zusätzlich mit Andreaskreuzen bis zur Sohle ausge-
steift. Die Mittelrammungen können zum größeren Teil wiederge-
wonnen werden, dagegen muss, um eine Beschädigung der Dichtung
auszuschalten, auf ein Ziehen der Außenträger dann verzichtet werden, wenn sich wegen der zur Verfügung stehenden Strassenbreite

zwischen dem Tunnelkörper und der Rammträgerbohlwand kein ausreichender Arbeitsraum schaffen läßt.

Die verhältnismäßig teuere Rammträgerbohlwandmethode ist selbst bei schwierigen Untergrundverhältnissen mit starkem Grundwasserandrang als die zweckvollste und auch sicherste Baugrubenausführung anerkannt. Zu bemerken ist aber, daß sie nicht überall ausführbar ist. Stehen beispielsweise schwere Böden, wie Mergel mit Gerölleinlagerungen an, dann kann das Schlagen der Rammträger Schwierigkeiten bereiten, sodass unter Umständen das kostspielige "Einbohren" der Rammträger gewählt werden muß.

e. Grundwasserabsenkung

Bei den Unterpflasterstrecken im Bereich des Grundwassers, dessen höchster Stand in der Untersuchung allgemein mit 3 m unter Straßenoberfläche angenommen wurde, wird der Grundwasserspiegel nach der beim Bau der Berliner U-Bahnen entwickelten Methode [7] mittels in Bohrrohren versenkten Tauchmotorpumpen unter die Bausohle abgesenkt. Als Anhalt seien Grundwasserabsenkungskosten der Berliner U-Bahn in der nachfolgenden Übersicht zusammengestellt.

Linie / Strecke	Bau-jahr	Länge	Grundwasserabsenkung Kosten in Mio RM bzw DM			
			insgesamt		je km	
			im Bau-jahr	Neu-bau 1953	im Bau-jahr	Neu-bau 1953
		km	RM	DM	RM	DM
1	2	3	4	5	6	7
A Nordring-Pankow /platz	1929	0,3	1,1	1,5	3,5	
B Gleisdreieck-Wittenberg-	1926	1,7	2,5	3,6	1,5	
C Seestr-Hallesches Tor	1923	6,9	13,0	22,6	1,9	
C Hallesches Tor-Bergstr	1926	5,3	8,5	14,0	1,6	
C Bergstr-Grenzallee /hof	1930	1,5	5,7	8,1	3,8	
C Belle Alliancestr-Tempel-	1929	3,2	3,2	4,3	1,0	
D Neanderstr-Leinestr	1929	5,0	9,5	12,9	1,9	
E Jüdenstr-Friedrichsfelde	1930	7,9	13,2	18,7	1,7	
Insgesamt		31,8		85,7		
Mittelwert						2,7

Umgerechnet auf das Jahr 1953 ergibt sich hieraus ein Mittelwert von 2 700.- DM je m Tunnel. Zum Anlagekostenvergleich soll dieser Mittelwert jedoch nicht herangezogen werden, da in Berlin besondere Untergrundverhältnisse mit ungewöhnlich starkem Wasserandrang vorliegen. Für mittlere Verhältnisse wurden in Tabelle 32

---

7) Bousset, J.:"Die Berliner U-Bahn".Seite 44 bis 53 Berlin 1935

(Anhang) die Kosten der Grundwasserabsenkung für die freie Strecke
zu 1 300.- DM je lfdm Tunnel ermittelt. Wegen der im Vergleich zur
Baugrubentiefe verhältnismäßig großen Brunnentiefe von etwa 20 m,
wurde auf der freien Strecke sämtlichen Bahnarten der gleiche Wert
zugrunde gelegt, zumal sich die verschiedenen Tunnelunterkanten in
ihrer Tiefenlage nur bis zu 2 m unterscheiden. Da die Bemessung
der Anzahl und Verteilung der Absenkungsbrunnen und die Dimensio-
nierung der Pumpen von dem hydrologischen Verhalten des näheren
und entfernteren Untergrunds abhängig ist, können die hier errechneten Kosten der Grundwasserabsenkung nur als größenordnungsmäßige
Werte angesehen werden.

f. Baukosten

Die Baukosten für die Unterpflastertunnel sind für 4 verschiedene
Ausführungsarten der Baugrube in der Tabelle 7 im Endergebnis zusammengestellt. In den Tabellen 33 – 36 (Anhang) sind diese Kosten
in Erd-, Auszimmerungs-, Beton-, Dichtungs- und Nebenarbeiten, sowie Wasserhaltung und Baustelleneinrichtung im einzelnen angegeben.

Bahnart Ausführungsart der Baugrube	Schnell-straßen-bahn	U-Bahn	S-Bahn
	Baukosten je m Unterpflastertunnel Rohbaukosten in DM		
1	2	3	4
Baugrube ohne Grundwasser			
1) Rammträger – Bohlwand mit Fahrbahnabdeckung	6 393.-	6 220.-	8 559.-
2) Rammträger – Bohlwand ohne Fahrbahnabdeckung	5 672.-	5 499.-	7 686.-
3) Böschungen	5 667.-	5 417.-	7 302.-
4) Böschungen mit Abschachtungen	5 251.-	4 832.-	6 842.-
Baugrube im Grundwasser			
1) Rammträger – Bohlwand mit Fahrbahnabdeckung	7 853.-	7 669.-	11 008.-
2) Rammträger – Bohlwand ohne Fahrbahnabdeckung	7 132.-	6 948.-	10 106.-
3) Böschungen	7 152.-	6 883.-	9 922.-
4) Böschungen mit Abschachtungen	6 728.-	6 297.-	9 409.-

Tabelle 7. Baukosten der Unterpflasterbahn

<u>4.2.4.2. Flußunterfahrungen</u>

Für die Ausführung von Unterwassertunneln kommen bei geringer Tiefenlage des Tunnelkörpers unter der Flußsohle und geringer Wasser-
tiefe im wesentlichen die nachfolgenden Sonderbauweisen in Frage:

a. Bau des Tunnelkörpers in offener Baugrube zwischen Fangedämmen,

b. Ausbruch des Tunnelraums und Bau des Tunnels im Schutz einer
   künstlichen Flußsohle mit Grundwasserabsenkung,

c. Versenken fertiger Tunnelstücke in eine unter Wasser ausgebag-
   gerte Sohlenrinne (Grabenbauweise),

d. Absenken von Senkkästen mit fertigen Tunnelstücken.

Die für einen Unterwassertunnel zu wählende Bauweise hängt weit-
gehend von den besonderen örtlichen Verhältnissen und der zur Verfügung stehenden Bauzeit ab. Zum Baukostenvergleich wurden zwei
Bauweisen herangezogen, von denen angenommen werden kann, daß sie
in der Mehrzahl der Fälle als Lösungsmöglichkeit in den Kreis der
näheren Erwägungen fallen.

Sonderbauweise a:

Bau des Tunnelkörpers in offener Baugrube mittels Grundwasserab-
senkungsverfahrens zwischen Fangedämmen und innerhalb der Fange -
dämme zwischen Spundwänden bzw. Rammträgerbohlwänden.

Voraussetzungen für diese Bauweise sind ein träger Fluß mit ver-
schlammter, also annähernd wasserdichter Sohle und ein breites
Flußbett, das Einengungen auch bei Hochwasser zuläßt. Querschnitte
[7] durch die Baugrube mit dem Tunnelkörper sind in den Bildern
17 und 31 (Anhang) dargestellt. Bei den Konstruktionsstärken wurde
der Auftrieb unter Einrechnung der Wasserauflast berücksichtigt.

Zum Vergleich wurden die in der Tabelle 37 (Anhang) für mittlere
Verhältnisse ohne besondere Schwierigkeiten ermittelten Baukosten
von 14 500.- DM für einen lfdm Unterwasser-U-Bahntunnel bzw. von
18 000.- DM für einen lfdm Unterwasser-S-Bahntunnel zugrunde gelegt. Wegen der großen örtlichen Verschiedenheiten der Fangedamm-
längen, der Fluß- und Untergrundverhältnisse, sowie des Wasseran-
drangs, können diese Werte nur als grössenordnungsmäßige Anhalte
betrachtet werden.

Sonderbauweise Kombination b + d:

Bau des Tunnelkörpers unter einer auf Senkkästen abgesetzten künstlichen Flußsohle.

----

7) Bousset, J.: "Die Berliner U-Bahn". Abbildungen 119 und 131.
        Berlin 1935

In Flüssen mit kurzer Niedrigwasserperiode und plötzlich eintreten-
dem Hochwasser lassen sich die Arbeiten im offenen Flußbett durch
den Einbau einer künstlichen Flußsohle auf eine kurze Zeitdauer beschränken, da nunmehr die Herstellung des Tunnelkörpers und der Dichtung ohne Einwirkungen von außen vorgenommen werden kann. Die künstliche Flußsohle ist als Trägerdecke mit Dichtungshaut und Stahlbeton-
schutzschicht ausgebildet. Bei Geschiebeführung des Flusses ist ausserdem noch eine Kantholzabdeckung oder ein Hartbetonbelag anzuordn-
nen.

Bei rammfähigem Untergrund wird die Decke auf Seiten- und Mittelramm-
träger oder Spundwände aufgelagert, die bis unter die Tunnelsohle
reichen, dann abgedichtet und mit Stirnspundwänden gegen Unterspülen
gesichert. Wie bei der Rammträgerbohlwandmethode bilden auch hier
die Rammträger die seitlichen Abschlüsse für die später unter der
Decke auszuhebende Baugrube.

In einem Flußbett mit starken Geröllablagerungen sind die Rammarbei-
ten für die Spundwände, die hier wegen der Wasserdurchlässigkeit des
geröllhaltigen Bodens notwendig sind, unter Umständen nicht durchführbar. Wird in der vorliegenden Untersuchung dieser letzte Fall angenommen, dann ist zu erwägen, die künstliche Flußsohle auf besonderen seitlichen Parallelmauern abzusetzen (Bilder 18 und 32, Anhang).
Diese Parallelmauern müssen im Senkkastenverfahren hergestellt werden. Der Querabschluss der einzelnen Bauabschnitte wird ebenfalls
durch Senkkastenmauern, gegebenenfalls auch durch Spundwände, gebil-
det. Damit entsteht ein absteifungsfreier Raum für die Herstellung
des Tunnelkörpers. Die künstliche Flußsohle kann nach dem Absenken
der Parallelmauern durch vorübergehend aufgesetzte Spundwände im
Trockenen ausgeführt und einwandfrei abgedichtet werden. Sämtliche
Einbauten dürfen wegen unvorhergesehener Hochwässer höchstens den
Mittelwasserstand erreichen, zudem muß die Baustelle bei Hochwasser
überflutbar sein. Nachteilig bei dieser Baumethode ist die lange Bauzeit,da die Schutzdecke in mehreren Abschnitten eingebaut werden muß
und jeder Abschnitt unter Umständen die ganze jährliche sichere Niedrigwasserperiode benötigt.

Die dem Vergleich zugrunde gelegten Baukosten von 31 500.- DM für
einen lfdm Unterwasser-U-Bahntunnel bzw. von 35 000.- DM für einen
lfdm Unterwasser-S-Bahntunnel (Tabelle 37, Anhang) können ebenfalls
nur als größenordnungsmäßige Anhalte angesehen werden.

4.2.4.3 Bergmännische Tunnel

Für die bergmännischen Tunnel kommen wegen der zum Teil großen, aber
mehr gleichmäßig verteilten Auflasten, oder bei geeignetem hartem Gebirge auch aus wirtschaftlichen Gründen, gewölbte Profile zur Anwen-
dung.Die Form und konstruktive Ausbildung der Tunnelröhre ist, neben

dem Lichtraumprofil der Bahn,von der Größe und Richtung des zu er-
warteten Gebirgsdrucks und den geologischen Verhältnissen abhängig. Sie bestimmen neben der Tunnellänge maßgeblich Bauweise,Bau-
stelleneinrichtung, Bauzeit und Baukosten.

Die für die U- und S-Bahn gewählten Tunnelprofile sind in den Bildern 19 und 20 sowie 33 und 34 (Anhang) dargestellt. Die Veranschlagung der Tunnelkosten in der Tabelle 38 (Anhang) kann nur
als Anhalt gewertet werden, da alle die Baukosten beeinflussenden
Elemente von den besonderen örtlichen und geologischen Verhältnissen abhängen. Für den 2-gleisigen U-Bahntunnel betragen die
Rohbaukosten im milden - gebrächen Gebirge 10 500.- DM/lfdm und
im harten Gebirge 6 500.- DM/lfdm. Bei dem S-Bahntunnel ergeben
sich als entsprechende Werte 13 000.- DM und 8 000.- DM.

<u>4.2.4.4. Sonderbauweise Unterwassertunnel (Schildbauweise)</u>

Der Vollständigkeit halber sind in dem Anlagekostenvergleich auch
die Kosten für eine Flußunterfahrung im Schildvortrieb mit Druck-
luft und mit ausbetonierter Stahlringverkleidung aufgeführt. Unter Zugrundelegung der Verhältnisse und des Bauverfahrens beim
Holland-Tunnel,New York - New Jersey [9], wurden die Rohbaukosten
der in den Bildern 21 und 35 (Anhang) dargestellten Querschnitte
für das U-Bahnprofil mit 25 000.- DM/lfdm und für das S-Bahnpro-
fil mit 30 000.- DM/lfdm größenordnungsmäßig ermittelt. Die Über-
deckung beim Schildvortrieb muß im allgemeinen mindestens 4 - 5 m
betragen und aus einem Material von feinem Korn und dichter Beschaffenheit bestehen. Die Schilddurchmesser betragen beim Hol-
landtunnel 9,00 m (1927) und beim Oakland-Alameda-Tunnel in San
Francisco 9,45 m (1927).

Die Verwendung der Schild- oder Halbschildbauweise ist auch dort
zu erwägen, wo bei geeignetem Boden Tunnel in nur geringer Tiefe
unter Straßen oder Gebäuden vorgetrieben werden müssen.

<u>4.2.5. Anlagetitel V. Oberbau</u>

Die Straßenbahngleise [10] verlangen eine zuverlässige und vor allem gleichmäßige Bettung, die von der Beschaffenheit des Untergrunds, von der Wirksamkeit der Entwässerung des Gleisbereichs
und von der Art des Unterbaus abhängig ist. Die Lebensdauer der
Gleise wiederum und,falls diese in der Strasse liegen, auch die
der anschliessenden Fahrbahn, hängt ab von der Bettung, der Art

---

9) Bauingenieur 1925, Heft 11
10) s.hierzu: Verband Öffentlicher Verkehrsbetriebe, Merkblatt
        3.401, Februar 1952

des Einbaus des Oberbaus und dem Anschluß der Schienen an die Fahrbahndecke, d.h. also von einer günstigen und gleichmässigen Bettungsziffer und der Möglichkeit der ungehinderten elastischen Durchbiegung des Gleises.

In der Untersuchung wurde für die Gleise in der Straßenfläche ein aus Schotterschicht und bewehrter Betonplatte bestehender Unterbau gewählt,der vom Tragbeton der Straße vollständig getrennt ist. Zur Erfüllung der Forderung nach einem weichen Befahren ist für die Gleise ein elastischer Einbau mit einer geeigneten Untergußspezialmasse unter dem ganzen Schienenfuß vorgesehen. Die Schienen sind mit ihrer Umhüllung als selbständiges Bauelement in der Straßenbefestigung ausgebildet, wobei aber besonders darauf zu achten ist, dass zwischen dem Schienenkörper und der Straßenfahrbahn möglichst kein Tagwasser eindringen kann. Für die Straßenbahngleise auf besonderem und eigenem Bahnkörper ist wie bei den U- und S-Bahnstrecken durchweg ein Querschwellenoberbau mit Breitfußschienen in Schotterbettung vorgesehen, da diese Oberbauart am vollkommensten entwickelt ist und am einfachsten die Ausbildung von Überhöhungen, Übergangsbögen und Spurerweiterungen zuläßt. Um die meistens nur während der Nacht durchführbaren Unterhaltungsarbeiten auf ein Mindestmaß zu beschränken, wurde auch bei den Schnellstraßenbahnen und U-Bahnen eine schwere Oberbauform, nämlich der Eisenbahnoberbau K 49 <u>Br + 45 H</u> gewählt.

Die Kosten für die Beschaffung der Bettungs- und Oberbaustoffe und für die Verlegung des Oberbaus sind in der Tabelle 39 (Anhang) zusammengestellt. Sie betragen je lfdm der 2-gleisigen Strecke mit besonderem bzw. eigenem Bahnkörper je nach Raumlage und Bahnart 289.- DM bis 328.- DM und liegen bei der 2-gleisigen normalen Straßenbahn je nach Spurweite zwischen 646.- DM und 689.- DM. Bei einer Gleisverlegung auf Betonplatten der Tunnelsohle ohne Schotterbett ermäßigen sich die Baukosten um rund 5 % (s.S. 18).

<u>4.2.6. Anlagetitel VI. Signalanlagen</u>

<u>4.2.6.1. Allgemeine Anordnung</u>

Schnellstraßenbahn

Der Umfang der für eine Schnellstraßenbahn notwendigen Signalanlagen hängt von der Örtlichkeit und den Betriebsbedingungen ab. Auf den oberirdischen Strecken wird im allgemeinen wegen der auf 60 km/h begrenzten Höchstgeschwindigkeit die bisherige straßenbahnmäßige Betriebsform bestehen bleiben, das heißt Fahren auf Sicht, bei dem keine besondere Zugsicherung notwendig ist. Nur an Gefahrenpunkten werden zuggesteuerte Signale in einfacher Bauart für den Zugbetrieb oder auch Straßenverkehr anzuordnen sein. Die Stromkreise dieser Signalanlagen sind von der Fahrdrahtspannung zu trennen und anstelle der Oberleitungskontakte Schienenstromschließer einzubauen, um ein sicheres Arbeiten der Anlage bei jeder Witterung zu gewährleisten In der Untersuchung wurden nur für die Tiefbahn zwischen Stützmauern, Unterpflasterbahn und Pfeilerhochbahn Signale vorgesehen.

U- und S-Bahn

Im Gegensatz zur Schnellstraßenbahn müssen die eisenbahnmäßig betriebenen U- und S-Bahnen wegen der höheren Zuggeschwindigkeiten und der größeren Zuggewichte mit einem vollständigen Signalsystem ausgerüstet werden. Die hohen Ansprüche an die Sicherheit und Leistungsfähigkeit des Schnellbahnbetriebs führen zu selbsttätigen Signalanlagen (Selbstblock) mit Zugbeeinflussungseinrichtungen und zu modernen Stellwerksbauarten. Die ausschließlich als Lichtsignale ausgebildeten Ein - und Ausfahrsignale an den durchgehenden Hauptgleisen zeigen in der Grundstellung Fahrt frei und wirken als reine zugbediente Signale. Als Einrichtung zur Zugbeeinflussung haben sich bei Geschwindigkeiten bis 80 km/h mechanische Fahrsperren gegen das Überfahren von Haltsignalen bewährt. Für höhere Geschwindigkeiten sind feste Anschläge zur Zugbeeinflussung ungeeignet, sie müssen hier durch eine induktive Beeinflussung mit elektrischen Schwingungskreisen (Indusi) ersetzt werden. Als Stellwerksform wurden Gleisbildstellwerke mit Drucktasten gewählt.

4.2.6.2. Zahl der Signale

Die Länge der Blockabschnitte und damit die Zahl der notwendigen Signale ist abhängig von der Zugfolge und dem Bahnhofsabstand, von der Anfahrbeschleunigung, Bremsverzögerung und der Höchstgeschwindigkeit, sowie von der Zuglänge und der Aufenthaltsdauer an den Bahnsteigen. In Tabelle 8 sind die mit diesen Elementen ermittelten günstigsten Signalabstände zwischen den Bahnhöfen unter Berücksichtigung der Bremswege bei Schnellbremsung durch die Fahrsperre dargestellt. Der Berechnung wurden für die U-Bahn die Zeitwegelinien der Berliner Gleichstrom-S-Bahnfahrzeuge und für die S-Bahn ein moderner Wechselstrom-Triebwagen für den schnellen Nahverkehr zugrunde gelegt.

4.2.6.3. Anlagekosten

In den Tabellen 40 und 41 (Anhang) sind die Kosten für die Einrichtung der Signalanlagen zusammengestellt, einschließlich der anteiligen Kosten für den Anschluss der fernbedienten Weichen (s.Abschnitt "Kehrgleise"). Sie betragen je nach Entfernung der Bahnhöfe für einen Streckenabschnitt der Schnellstrassenbahn 14 000.- bis 28 000.- DM, der U-Bahn 211 000.- bis 266 000.- DM und der S-Bahn 286 000.- bis 304 000.- DM.

38

Bahnart Höchstgeschwindigkeit Zuglänge Aufenthalt	Zug- folge	Signale und Signalabstände zwischen 2 Bahnhöfen für eine Richtung (A=Ausfahr-, B=Block-, E=Einfahr-, N=Nachrücksignal)	Zahl der Signale
1	2	3	4
1) Schnellstraßenbahn Tiefbahn zwisch.Stützmauern und Pfeilerbahn Unterpflasterbahn		Fahren auf Sicht (6o km/h) Signale nur an Gefahrenpunkten	Annahme 1 2
2) U-Bahn 6o km/h 12o m 2o"	9o"	7o — 65 — 95 — 15o — 2oo — 7o (– N E B A)	4
	45"	3o — 4o — 6o — 95 — 115 — 1oo — 8o — 6o — 7o (N N N E B B B A) Bahnhofsabstand: 65o m … 6 m	8
	12o"	7o — 3oo — 38o — 38o — 7o (– E B A)	3
	9o"	7o — 6o — 1oo — 2oo — 4oo — 3oo — 7o (– N E B B A) Bahnhofsabstand: 12oo m … 6 m	5
3) S-Bahn 8o km/h 16o m 3o"	9o"	9o — 6o — 1oo — 2oo — 26o — 9o (– N E B A) Bahnhofsabstand: 8oo m … 6 m	4
	9o"	9o — 6o — 1oo — 23o — 43o — 9o (– N E B A) Bahnhofsabstand: 2ooo m … 6 m	4
	12o"	9o — 36o — 4oo — 4oo — 16o — 9o (– E B B A) Bahnhofsabstand: 15oo m … 6 m	4

Tabelle 8. Signale und Signalabstände zwischen den Bahnhöfen

4.2.7. Anlagetitel VII Elektrische Streckenausrüstung

4.2.7.1. Stromart und Spannung

Straßenbahnen und Schnellstraßenbahnen werden allgemein mit Gleichstrom betrieben, da diese Stromart für den Straßenbahnbetrieb wegen der Einfachheit der Stromzuführung, der großen Anzugskraft der Motoren und der einfachen Ausbildung der Steuerung am geeignetsten ist. Die Spannungen liegen bei den Straßenbahnen in der Hauptsache zwischen 500 und 800 V.

Bei der U-Bahn, deren Netz mit keinem anderen Bahnnetz in direkter Verbindung steht, werden die Vorzüge des Gleichstrombetriebes, vor allem der einfache Aufbau der elektrischen Fahrzeugausrüstung und die besonders guten Anfahreigenschaften des Gleichstrommotors ebenfalls für die Wahl dieser Stromart mit Spannungen von 0,6 bis 1,5 kV sprechen.

Die S-Bahn wird in den mittleren Großstädten im allgemeinen als Verlängerung eines bereits bestehenden ausgedehnten elektrifizierten Eisenbahnvorortnetzes mit einer verhältnismäßig kurzen Strecke in die Stadt hereinstoßen bzw. sie durchqueren. Sie muß daher aus betrieblichen und verkehrlichen Gründen mit dem Vorortsnetz in direkter Verbindung stehen. Dies bedeutet, daß selbst unter Inkaufnahme eines höheren Tunnelprofils die Fahrzeuge und die Stromart des bereits bestehenden Vorortsnetzes beibehalten werden müssen, d.h. also in Deutschland der Wechselstrombetrieb. Bei einem Betrieb der innerstädtischen Strecke mit Gleichstrom würde zu den betrieblichen und verkehrlichen Nachteilen noch die Notwendigkeit hinzukommen, die Einrichtungen für eine zweite elektrische Betriebsform vollständig neu aufzubauen. In diesem Fall würden die Aufwendungen für die besonderen Drehstromübertragungsleitungen sowie die Umspann - und Gleichrichterwerke die Kosten des bei Wechselstrombetrieb mit Oberleitung notwendigen höheren Tunnelprofils übersteigen, zumal im Normalfall die S-Bahn vom bereits bestehenden Unterwerk ohne dessen wesentliche Erweiterung mit Fahrstrom versorgt werden kann. In der Untersuchung wurde als Stromart für die S-Bahn der in Deutschland, Österreich und der Schweiz übliche Einphasen-Wechselstrom mit 15 kV Nennspannung am Fahrdraht und 16 2/3 Hz gewählt. (Auf die Vor - und Nachteile des 25 kV-50 Hz-Systems soll hier nicht eingegangen werden.)

4.2.7.2. Stromversorgung (Kraftwerke)

Bei sämtlichen betrachteten Bahnarten wurde Fremdbezug des Stroms auf Grund von Stromlieferungsverträgen angenommen. Für diese Position entstehen daher den Bahnbetrieben keine Anlagekosten.

4.2.7.3. Stromverteilungsanlagen (Unterwerke)

Der Strassenbahn wird der Strom im Normalfall als Drehstrom zuge-
führt und in Umformerwerken mit Gleichrichtern umgeartet. Um ein
ausgedehntes Speisekabelnetz und Spannungsabfälle zu vermeiden, sind
mehrere (bedienungslose) Gleichrichterwerke mit Fernüberwachung in
den einzelnen Netzbezirken notwendig.

Für die U-Bahn gilt grundsätzlich die gleiche Anordnung wie für die
Straßenbahn. Der Abstand der Gleichrichterwerke ist von der Strek-
kenbelastung und dem Spannungsabfall abhängig. Die Stromzuführung
(Drehstrom mit 25 kV) erfolgt durch mindestens 2 Speisekabel oder
eine Ringleitung, um bei Störungen den Betrieb aufrecht erhalten zu
können. Aus dem gleichen Grund sind in einem Umformerwerk jeweils
mehrere Gleichrichter installiert. Die Unterwerke sind neuerdings
nicht mehr mit Personal besetzt, sondern für Fernsteuerung mit Rück-
meldung eingerichtet.

Die S-Bahnstrecken werden über Unterwerke mit Energie versorgt, die
im allgemeinen untereinander mit 110 kV-Drehstromleitungen verbunden sind. In den Unterwerken wird dieser Hochspannungsstrom in Ein-
phasenwechselstrom von 15 kV umgeartet.

4.2.7.4. Stromzuführungsanlagen (Fahrleitung und Stromschiene)

Die Stromzuführung geht bei den Straßenbahnen über die Oberleitung.
Auch bei den Schnellstraßenbahnen ist Oberleitungsbetrieb vorgesehen, weil die Anordnung einer Stromschiene bei der Zugänglichkeit
der Bahnanlagen auf den Aussenstrecken aus Sicherheitsgründen unmöglich ist. Die Fahrleitung selbst wird in hand-oder gewichtsnach-
gespannter Bauweise verlegt. Bei Neuanlagen sollten aus wirtschaftlichen und ästhetischen Gründen Fahrleitungen mit selbsttätiger Ge-
wichtsnachspannung gebaut werden, da hierbei gegenüber den handge-
spannten Leitungen der Stützpunkt- bzw. Mastabstand wesentlich grös-
ser werden kann.

Bei der U-Bahn wird der Strom den Fahrzeugen über eine durch
Schleifschuhe von unten (S-Bahn Berlin) oder seitlich (S-Bahn Ham-
burg) bestrichene Stromschiene zugeführt.Die Stromschienen sind mit
Isolatoren auf den Schwellen befestigt und durch eine Holzabdek-
kung geschützt. Zur Rückleitung des Stroms dienen die durch Längs-
und Querverbindungen verbundenen Fahrschienen. Dabei verlangt der
Gleichstrombetrieb besondere kostspielige Vorkehrungen gegen vagabundierende Ströme. Einmal muß durch zweckmäßige Isolatoren ein Ab-
irren des Stroms aus den Stromschienen verhindert und zum andern
muss der als "Bahnerde" dienende Tunnelkörper durch die Holzschwel-
len und eine einwandfreie Dichtung von der benachbarten "Wassererde"
isoliert werden, um Korrosionen an benachbarten Kabeln, Rohrleitun-
gen und Stahlkonstruktionen durch elektrolytische Vorgänge zu verhindern.

Bei der S-Bahn wird wegen ihrer Verbindung mit dem elektrifizierten Eisenbahnvorortnetz die Stromzuführungsart des bereits vorhandenen Bahnnetzes beibehalten, also im allgemeinen die als Kettenfahrleitung ausgebildete Oberleitung mit nachgespanntem Fahrdraht. Im Tunnel sind wegen der niedrigen Profilhöhe doppelte, an Querseilen aufgehängte Fahrdrähte notwendig. Zur Stromrückleitung werden ebenfalls die Schienen herangezogen. Die Erdung ist einfach, da die Fahrschienen beim Wechselstrombetrieb, ohne Schaden hervorzurufen, direkt an die Wassererde gelegt werden können.

4.2.7.5. Beleuchtung

Wird in den Strassenbahntunnelstrecken Fahren auf Sicht als Betriebsform gewählt, dann ist auf eine ausreichende Tunnelbeleuchtung aus Sicherheitsgründen besonderer Wert zu legen. Der Abstand der Beleuchtungskörper im Tunnel beträgt etwa 15 m, wobei am Tage an den Tunneleingängen zur Angleichung der Augen an die Dunkelheit im Tunnel der Abstand der Lampen zu verringern und ihre Lichtstärke zu erhöhen ist.

4.2.7.6. Lüftung

Unter bestimmten örtlichen Verhältnissen ist der Einbau einer künstlichen Lüftungsanlage zu erwägen, vor allem dann, wenn die durch die Züge hervorgerufenen Luftbewegungen zur Tunneldurchlüftung nicht mehr ausreichen, oder wenn schlechter Geruch aus dem Erdreich aufsteigt. Die Lüftung wird je nach Jahreszeit als Ent- oder Belüftung betrieben. In dem vorliegenden Vergleich werden für diese Position keine Kosten eingesetzt, da es sich hier um Sonderfälle handelt.

4.2.7.7. Anlagekosten

Für die genaue Ermittlung der Anlagekosten der elektrischen Streckenausrüstung sind hauptsächlich die Streckenlängen und Streckenverhältnisse maßgebend, außerdem die Haltestellenentfernungen, die Beschleunigung und Höchstgeschwindigkeit der Züge, sowie die Zugfolge und Zuggewichte. Mittelwerte für die Kosten der elektrischen Ausrüstung der in der Untersuchung betrachteten Bahnnetze sind in Tabelle 9 zusammengestellt.

4.2.7.8. Anlagekostenvergleich

Werden die wesentlichsten Elemente, die bei den einzelnen Bahnarten die sehr unterschiedliche Höhe der Anlagekosten beeinflussen, nochmals zusammengefaßt, dann ist folgendes festzustellen:
Die hohe Fahrdrahtspannung von 15 kV beim Wechselstrombetrieb läßt große Unterwerksabstände zu (30 - 60 km bei S-Bahnen) und erfordert wenig Einspeisungspunkte, so dass sich verhältnismäßig niedrige Kosten für die Stromverteilungsanlagen ergeben. Der Gleichstrombetrieb dagegen bedingt eine wesentlich größere Zahl von Un-

Gegenstand	Schnell-straßenbahn	U-Bahn	S-Bahn
	Kosten/km 2-gleisige Strecke in DM		
1	2	3	4
1) Stromart und Spannung	Gleichstrom	Gleichstrom	Einphasen-Wechselstrom
	750 V	1 200 V	$16\frac{2}{3}$ Hz, 15 kV
2) Kraftwerke (Fremdbezug)	–	–	–
3) Stromverteilungsanlagen			
Unterwerk + Schaltposten einschließlich Speiseleitungen	82 000	400 000	30 000
4) Fahrleitung / Stromschiene einschl. Zuleitungen,		220 000	50 000
Schienenverbinder, Kuppelstellen (s.Tabelle 42, Anhang)			
Schutzvorrichtungen:		10 000	
Abirrende Ströme			
Hochspannung			
Offene Tiefbahn zwischen Stützmauern			40 000
Tunneltiefbahn (Doppelfahrdraht)			65 000
5) Beleuchtung im Tunnel	10 000	5 000	5 000
6) Künstliche Lüftung (Nicht vorgesehen)	–	–	–
Insgesamt			
Geländebahn, Offene Tiefbahn mit Böschungen, Hochbahn	82 000	620 000	80 000
Offene Tiefbahn zwischen Stützmauern	82 000	620 000	120 000
Tunneltiefbahn	92 000	635 000	150 000

Tabelle 9.   Anlagekosten der elektrischen Streckenausrüstung

terwerken (Abstand 2,4 bis 5,0 km), weil die Spannungshöhe in der Stromschiene wegen der Sicherheit des Bahnpersonals und der geringen Isolationsabstände gegen Erde auf 1,5 kV beschränkt bleiben muß. Hinzu kommt noch, daß die große Zahl der Umspanner mit ihren aus Betriebsgründen jeweils notwendigen Reservesätzen schlechter ausgenützt sind, als die geringere Zahl der Umspanner beim Wechselstrombetrieb. Die Stromverteilung ist beim Gleichstrombetrieb also wesentlich umfangreicher und damit auch teurer als beim Wechselstrombetrieb. Die Anlagekosten für die Stromschiene selbst betragen etwa das $2\,^{1}/2$ fache der Kosten einer modernen Oberleitung.

Ergänzend sei hier noch angeführt, dass die Wechselstromfahrzeuge wiederum besonders wegen des in jedem Fahrzeug notwendigen Umspanners in Anschaffung und Unterhaltung gegenüber den Gleichstromfahrzeugen teurer sind

4.2.8. Anlagetitel VIII. Fernmeldeanlagen

Die Betriebsfernmeldeanlage einer Stadtschnellbahn muss bei geringem Platzbedarf leicht und rasch bedienbar sein. Ihr Ausmaß hängt von den Erfordernissen des Betriebs ab und reicht vom einfachen Bahnhofs- und Streckenfernsprecher in Hintereinanderschaltung bis zur modernen Wechselsprech - Lautsprecheranlage. Zusätzlich kommen als Hilfsmittel für eine rasche und pünktliche Betriebsabwicklung elektrische Uhrenzentralen, ferngesteuerte Fahrtrichtungsanzeiger und Bahnsteiglautsprecheranlagen in Frage. Zu erwähnen ist in diesem Zusammenhang noch, dass bei der modernen Gleisbildstellwerkstechnik viele der bisher über den Fernsprecher zu übermittelnden Meldungen wegfallen Auf Strecken mit elektrischer Zugförderung sind die Fernmelde- und Signalleitungen grundsätzlich in Kabeln, und zwar getrennt von den Starkstromkabeln, zu führen und gegen Induktionseinwirkungen durch den Fahrstrom besonders zu schützen.

Im Anlagekostenvergleich wurden die Aufwendungen für die Fernmeldeanlagen bei der Schnellstraßenbahn (nur Tunnel- und Pfeilerbahn) mit 10 000 DM je Strecken-km berücksichtigt, bei der U-Bahn mit 20 000 DM/km und bei der S-Bahn mit 40 000 DM/km. Hierbei ist angenommen, daß Fernsprechzentralen bereits vorhanden sind.

4.2.9. Anlagetitel IX. Haltestellen und Bahnhöfe

4.2.9.1. Bahnsteiganordnung

Bei den Straßenbahnen und Schnellstraßenbahnen müssen die Bahnsteige wegen der durch den Straßenbahnbetrieb bedingten Ausbildung der Wagen mit nur Rechtseinstieg als Außenbahnsteige angeordnet sein. Die Fahrzeuge der U- und S-Bahnen dagegen, deren beiderseitige Zu- und Abgänge wechselweise benutzt werden können, lassen sowohl die Anlage von Außen- als auch Inselbahnsteigen zu.

Die Außenbahnsteige haben gegenüber dem Inselbahnsteig im allgemeinen den Vorzug niedrigerer Anlagekosten, da die Gleise hier nicht
bzw. nur unwesentlich auseinandergezogen werden müssen. Beim Inselbahnsteig dagegen sind verhältnismäßig lange und teuere trompeten-
förmige Übergangsstücke zwischen freier Strecke und Bahnhof not -
wendig. Dem Vorteil der Außenbahnsteige steht allerdings der Nachteil gegenüber, daß die Anlage für die Reisenden weniger übersichtlich ist und zu Irrtümern bei den Zugängen zu den Bahnsteigen führen kann. In besonderen Fällen kann dieser Mangel durch die Anlage
eines Verbindungstunnels unter dem Gleis gemildert werden, der allerdings den Reisenden die Überwindung einer verlorenen Höhe zumu-
tet. Für das Bahnunternehmen entsteht bei der Wahl von Außenbahnsteigen ein höherer Personalverbrauch beim Sperre-und Aufsichtsper-
sonal.

In der Untersuchung sind für die Haltestellen und Bahnhöfe der für
die Vorstadt- und Außenbezirke vorgesehenen Geländebahn, offenen
Tiefbahn-und Hochbahnstrecken durchweg Haltestellen mit Außenbahnsteigen angeordnet, um an Gelände und Baukosten zu sparen. Für die
innerstädtischen Unterpflasterbahnhöfe wurden sämtliche Möglichkeiten untersucht.

4.2.9.2. <u>Bahnsteigzugänge</u>

Für die Ausbildung der Zugänge zu den Unterpflasterbahnhöfen bestehen 4 Möglichkeiten, nämlich

   a. Inselbahnsteig mit Quertunnel,
   b. Außenbahnsteige mit Quertunnel,
   c. Inselbahnsteig ohne Quertunnel,
   d. Außenbahnsteige ohne Quertunnel.

Diese verschiedenen Möglichkeiten sind in den Bildern 39 bis 42
(Anhang) mit allen wesentlichen Einzelheiten dargestellt. Im Fall
a. und b. liegt der Bahntunnel so tief, daß über ihm noch die Anlage von Personenquertunneln zur Verbindung der beiderseitigen Bürgersteige möglich ist. Diese Quertunnel bieten den Vorteil, daß die
Reisenden ungestört durch den Straßenverkehr die Bahnsteiganlagen
erreichen und verlassen, sowie die Bahnsteige wechseln können. Als
verkehrlicher und baulicher Nachteil erscheint dabei die größere
Tiefenlage des Bahntunnels. Im Bereich der 2,20 m hohen Vorräume
und Quertunnel wird daher die übliche Überdeckungshöhe zwischen
Straßenoberfläche und Tunneloberkante von 1,50 m auf 0,40 m verringert, um eine unnötige Tiefenlage der Bahnsteige und des Bahntunnels mit ihren verkehrlichen, baulichen und betrieblichen Nachteilen zu vermeiden. In Straßen mit geringem Fahrzeugverkehr, in denen ein Überschreiten der Fahrbahnen auch in Zukunft unbedenklich
erscheint, kann auf Quertunnel verzichtet werden. Im Fall c. befindet sich der gemeinsame Zugang auf einer Insel in der Mitte des
Fahrdamms, im Fall d. liegen die Eingänge getrennt nach Fahrtrich-
tungen auf den Bürgersteigen. An Stellen, wo die Bürgersteige für

die Anlage der Treppenschächte zu schmal sind, müssen die Zugänge in angrenzende Gebäude oder Gebäudenischen gelegt werden.

Für die innerstädtischen Unterpflasterbahnhöfe der U- und S-Bahnen ist der betrieblich und verkehrlich günstigere Mittelbahnsteig bevorzugt vorzusehen, während für die Schnellstraßenbahnen sinngemäß durch Quertunnel verbundene Aussenbahnsteige in Frage kommen. Bei Umsteigebahnhöfen zum gleichen oder einem anderen Verkehrsmittel bedarf es hinsichtlich der Kürze, Übersichtlichkeit und Bequemlichkeit der Umsteigewege besonderer Überlegungen, wobei es unerläßlich ist, die zukünftigen Entwicklungsmöglichkeiten des Bahnnetzes schon von vornherein zu berücksichtigen. Im allgemeinen ergeben sich durch die Anordnung von Inselbahnsteigen mit Quertunnel hier die besten Lösungen.

Zur Erlangung von Vergleichszahlen wurden bei der Schnellstraßenbahn die Baukosten für beide Möglichkeiten, nämlich für Außenbahnsteige mit und ohne Quertunnel ermittelt. Bei den U- und S-Bahnen wurde der Inselbahnsteig mit Quertunnel und für besondere Fälle auch Außenbahnsteige ohne Quertunnel zum Baukostenvergleich herangezogen. Zusätzlich wurde noch für die U-Bahn der Inselbahnsteig ohne Quertunnel betrachtet, der für die S-Bahn wegen der größeren Verkehrsmengen kaum in Frage kommen dürfte. Die Kosten der Außenbahnsteige mit Quertunneln wurden für die U- und S-Bahnen nicht ermittelt, da bei der Anlage eines Quertunnels die günstigere Form des Inselbahnsteigs zu wählen sein wird.

Bei den Bahnsteiganlagen mit Quertunnel sind aufwärtslaufende Fahrtreppen zwischen den Bahnsteigen und Zwischenpodesten vorgesehen, um dem Reisenden die Überwindung des Höhenunterschieds zur Straße (Schnellstraßenbahn = 7,45 m, U-Bahn = 6,30 m, S-Bahn = 8,20 m) zu erleichtern und bei den meistens nur in gewissen Grenzen möglichen Treppenbreiten die Räumung der Bahnsteige zu beschleunigen. Im vorliegenden Fall sind Fahrtreppen nur am verkehrlich wichtigeren Bahnsteigende vorgesehen. Bei den Lösungen ohne Quertunnel dagegen sind wegen der geringeren Höhen (Schnellstrassenbahn = 6,15 m, U-Bahn = 5,30 m, S-Bahn = 7,10 m) nur feste Treppen angeordnet. Im übrigen könnten hier Fahrtreppen wegen der Witterungseinflüsse nicht für die ganze Treppenlänge eingebaut werden, sondern nur bis zu einem geschützten Zwischenpodest.

Sämtliche Bahnhöfe der U- und S-Bahnen haben Zugänge an beiden Enden der 120 m bzw. 160 m langen Bahnsteige, mit Ausnahme der Bahnsteige in den Außenbezirken, wo Mitteltreppen vorgesehen sind. Die in den Vorstadt- und Außenbezirken 30 m langen und in der Innenstadt 60 m langen Bahnsteige der Schnellstraßenbahnen sind nur einseitig angeschlossen.

Dimensionierungsgrundlagen für Verkehrsflächen:

Verkehrswege	Breite m	Maximale Leistungsfähigkeit Personen / Minute
Feste Auftreppe	2,25	190
	3,00	250
Feste Abtreppe	2,25	225
	3,00	300
Fahrtreppe	1,00	200
Gänge	3,00	300
	4,50	450
Bahnsteig (Stand- u.Verkehrsraum m^2 / Person)	0,6	

4.2.9.3. Bahnsteighöhe

Die Bahnsteige an den Strecken mit eigenem Bahnkörper sind zur Erzielung eines raschen Fahrgastwechsels möglichst hoch anzulegen. Schwierigkeiten bereiten hier vor allem die Schnellstraßenbahnwagen, deren Stufen sowohl den niedrigen Bahnsteigen der Oberflächenstrecken, als auch den erwünschten hohen Bahnsteigen entsprechen sollten. Es wird hier hinsichtlich der Bahnsteighöhe ein Mittelweg zu beschreiten sein, wobei in der Zukunft anzustreben ist, den Höhenunterschied durch Fahrzeugsonderkonstruktionen mit niedrigerem Wagenfußboden und durch bewegliche Stufen zu vermindern bzw. zu überbrücken. In der Untersuchung ist die Bahnsteigoberkante der Schnellstraßenbahnen außerhalb der Straße 0,40 m über Schienenoberkante angeordnet, bei einer Wagenfußbodenhöhe von 0,75 bis 0,80 m. Die Bahnsteigoberkante der U-Bahn liegt 1,05 m über Schienenoberkante, ein Maß, das der Fussbodenhöhe des vollbelasteten Wagens entspricht. Die Bahnsteige an den S-Bahnstrecken können bei einer Wagenfußbodenhöhe von 1,15 m höchstens 0,86 m über Schienenoberkante liegen, wenn außer den S-Bahn-Spezialwagen auch Fahrzeuge anderer Regelbauarten verkehren sollen. Verkehren nur S-Bahnwagen, dann ist eine Höhe von 0,96 m möglich, wobei u.U. auch noch das Maß von 1,03 m über Schienenoberkante in Erwägung zu ziehen ist.

4.2.9.4. Empfangsgebäude und Vorräume

Für die Schnellstraßenbahnen sind im Unterschied zu den U- und S-bahnen keine besonderen Empfangsgebäude notwendig, da die Abfertigung der Reisenden auch in Zukunft mit Ausnahme von wenigen Verkehrsschwerpunkten zweckmäßig im Wagen vorgenommen wird. Es werden daher nur in Sonderfällen einfache Wartehallen zu errichten sein. Bei den U- und S-Bahnhöfen mit Zugangstunnel oder -brücke liegt der Vorraum zu den Bahnsteigen im allgemeinen auf Tunnel - oder Brückenhöhe. Bei Bahnsteigen ohne Tunnel oder Brücke sind die Vorräume in einem Zwischenpodest angeordnet (Bilder 41 und 42, Anhang). Bei den Hochbahnen mit Aussenbahnsteigen befinden sie sich entweder getrennt an den Bahnsteigenden oder zusammengefasst vor den Treppen im Straßenniveau.

Der Vorraum enthält die Fahrkartenausgabe und die Sperren mit einem Passimeter(Sperre mit Fahrkartenverkauf), sowie Läden für den Kleinverkauf. Als Hauptforderung für den Grundriss gilt, daß die Wege der Reisenden klar, übersichtlich, zwangsläufig, kurz und möglichst gerade verlaufen, und dass Kreuzungen mit entgegengerichteten Verkehrsströmen nach Möglichkeit vermieden werden.

Dimensionierungsgrundlagen für die Sperrenanlage:

Die Abfertigungsmöglichkeit an einer Schaltereinheit, bestehend aus éinem Schalter und je einem Fahrkartenautomaten für jede Fahrkartensorte, beträgt 25 Personen/min. Während des Berufsverkehrs ist morgens mit 10 % und abends mit 20 % Barverkehr zu rechnen, während der übrigen Tagesstunden mit 80 %. Als Höchstbedarf ergibt sich je m Zugangstreppe zum Bahnsteig etwa eine Schaltereinheit. Die Leistungsfähigkeit der Sperren beträgt beim Berufsverkehr in Richtung zum Zug 40 und vom Zug 50 Personen/min, bei Massenveranstaltungen 30 bzw 40 Personen/min. An einem Passimeter können 20 Personen/min abgefertigt werden.

4.2.9.5. Kehr- und Abstellgleise

Da das Verkehrsaufkommen mit der Entfernung von der Innenstadt abnimmt, sind zur Einsparung von Leerwagenkilometern auf geeigneten Bahnhöfen hinter den Bahnsteigen Kehrgleise, bei den Straßenbahnen Wendeschleifen anzuordnen. Diese dienen bei den U - und S-Bahnen gleichzeitig zum Abstellen von Verstärkungseinheiten und schadhaften Zügen.

Zum Wenden der Züge ist allgemein noch zu vermerken, dass in jedem Einzelfall mit fahrdynamischen Methoden untersucht werden muß, ob bei dem vorliegenden Fahrplan mit den Möglichkeiten der modernen Stellwerkstechnik ein Wenden der Züge am Bahnsteig möglich ist. Gegenüber dem Wenden über ein Wendegleis bringt das Wenden am Bahnsteig einen zeitlichen Vorteil. Dieser Zeitgewinn ergibt unter Umständen Einsparungen beim Fahrzeugpark, auf jeden Fall aber eine Verringerung der Bau- und Betriebskosten

4.2.9.6. Konstruktive Ausbildung des Bahnhoftunnels

Der Tunnelkörper der Bahnhöfe und Kehrgleisabschnitte wurde als geschlossener Stahlbetonrahmen mit Mittelstütze ausgebildet. Dabei ist die Tunneldecke so dimensioniert, daß sie beim Anfahren einer Stütze nicht einbrechen kann. Im Bereich der Weichenstraßen sind die Deckenstützen so zu bemessen, daß sie eine 1,2 m über Schienenoberkante horizontal angreifende Last von 100 t aufnehmen können,

Bei allen Bahnhofsprofilen ist zweckmäßig mit Ausnahme der Vorräume und Quertunnel an einer Mindestüberdeckungshöhe von 1,50 m
bis Straßenoberkante festzuhalten. In Bahnhöfen mit Quertunneln
wird aus konstruktiven Gründen die Regellichthöhe des Tunnels so
weit erhöht, daß die Erdüberdeckung höchstens 2,0 m beträgt.

4.2.9.7. Baukosten

Die Baukosten gehen nach Einzelpositionen aufgegliedert aus den
Tabellen 11, 13, 14, 15 und den Tabellen 43 bis 62 im Anhang hervor.

Bahnhöfe der Geländebahnen, Offenen Tiefbahnen und Hochbahnen

Die Tabelle 10 gibt Aufschluss über die Art der Bahnsteiganlage,
über die Abmessungen der Bahnsteige und Empfangsgebäude, sowie über
die Anordnung von Fahrtreppen. Mit diesen Angaben wurden für die
Geländebahnen, offenen Tiefbahnen und Hochbahnen in den Tabellen
43 bis 50 (Anhang) die Baukosten nach Einzelpositionen ermittelt.
In der Tabelle 51 (Anhang) sind die Kosten des Oberbaus und der
Fahrleitungen für die Kehrgleise und Gleisverbindungen ermittelt,
in der Tabelle 52 (Anhang) die zusätzlichen Rohbaukosten der Kehr-
und Abstellgleise und in der Tabelle 53 (Anhang) die gesamten Baukosten der Kehrgleisabschnitte einschließlich der Rohbaukosten der
durchgehenden Strecke.

Die Tabelle 11 bringt als Ergebnis der Tabellen 43 bis 53 (Anhang)
die Zusammenstellung der Baukosten der Bahnhöfe und Kehrgleise für
die einzelnen Arten der Geländebahnen, offenen Tiefbahnen und Hochbahnen sowie außerdem die anteiligen Bahnhofskosten je m 2-gleisi-
ge Strecke in Abhängigkeit vom Abstand der Bahnhöfe und Kehrgleis-
bahnhöfe.

Bahnhöfe der Unterpflasterbahnen

In den Tabellen 54 bis 60 (Anhang) sind nach den Angaben der Tabelle 10 für je 2 Arten von Unterpflasterbahnhöfen der Schnellstraßenbahn und der S-Bahn und für 3 Arten der U-Bahn die auf Grund von
Einzelkostenanschlägen nach Hauptpositionen zusammengefaßten Baukosten angegeben, und zwar jeweils je lfdm Bahnsteig, Vorraum, Übergang Strecke - Bahnsteig, Übergang Kehrgleis - Strecke und Kehrgleis. Ein Beispiel für einen Einzelkostenanschlag gibt die Tabelle
61 (Anhang), in der für einen S-Bahnhof mit Quertunnel und Inselbahnsteig, bei einer Herstellung des Tunnels mittels der Rammträgerbohlwandmethode und mit abgedeckter Fahrbahn, sämtliche Positionen
im einzelnen ermittelt sind. Die dabei errechneten Kosten des Innen-
ausbaus wurden wegen der andersartigen Verhältnisse dem U-Bahnhof
mit 75 % und dem Schnellstraßenbahnhof mit 50 % angerechnet.

Raumlage der Bahn	Straßenbahn Schnellstraßenbahn			U-Bahn				S-Bahn			
	Bild	Bahnsteig-abmeßungen	S[1]	Bild	Bahnsteig-abmeßungen	EG[2] qm	S	Bild	Bahnsteig-abmeßungen	EG qm	S
1	2	3	4	5	6	7	8	9	10	11	12
Geländebahn (Außenbahnsteige)											
Straßenbahn in der Straße	2	1,50.60 m	J		–				–		
Bahn mit besonderem Bahnkörper	3	1,50.60 m	J		–				–		
Bahn mit eigenem Bahnkörper	4	1,50.30 m	A	11	4,0.120 m	240	A	25	4,0.160 m	3oo	A
Offene Tiefbahn (Außenbahnsteige)											
mit Böschungen	5	3,00.30 m	A	12	4,0.120 m	240	A	26	4,0.160 m	3oo	A
Stützmauern	6	3,00.30 m	V	13	4,0.120 m	240	V	27	4,0.160 m	3oo	V
Trog	7	3,00.30 m	V	14	4,0.120 m	240	V	28	4,0.160 m	3oo	V
Unterpflasterbahn											
Außenbahnsteige ohne Quertunnel	8/9	4,00.60 m	J	15/16	4,0.120 m	o	J	29/3o	4,0.160 m	o	J
Feste Treppen 3)	39/4o	o:2,95/3,2		41	o:2,1/3,2			42	o:3,6/3,5		
Außenbahnsteige mit Quertunnel	8/9	4,00.60 m	J		–				–		
Fahrtreppen, Feste Treppen	39/4o	2:4,25/3,2									
Inselbahnsteige ohne Quertunnel		–	•	15/16	8,0.120 m	o	J		–		
Feste Treppen				41	o:2,1/3,2						
Inselbahnsteige mit Quertunnel		–		15/16	8,0.120 m	o	J	29/3o	8,0.160 m	o	J
Fahrtreppen, Feste Treppen				41	2:3,1/3,2			42	2:4,7/3,5		
Hochbahn (Außenbahnsteige)											
Damm		–		22	4,0.120 m	240	A	36	4,0.160 m	3oo	A
Stützmauern		–		23	4,0.120 m	240	V	37	4,0.160 m	3oo	V
Pfeiler	lo	4,00.60 m	J	24	4,0.120 m	240	J	38	4,0.160 m	3oo	J
Fahrtreppen, Feste Treppen		2:6,2o			2:6,96				2:7,36		

Anmerkungen:
1) S = Standort des Bahnhofs Bzw. der Haltestelle: J = Innenstadt, V = Vorstadt, A = Außenbezirk
2) EG = Empfangsgebäude, Grundfläche
3) Treppen : 1.Zahl = Zahl der Fahrtreppen, 2.Zahl = Höhenunterschied (m) Bahnsteig – Vorräume
    3.Zahl = Höhenunterschied (m) Vorräume – Straße

Tabelle 10. Anordnung und Abmessungen der Bahnsteige

Bahnart Raumlage	Baukosten						Abstand der Bahnhöfe	Bahnhöfe je km	Bahnhöfe je Bahnhof mit Kehrgleis 2)	Anteilige Bahnhofskosten (Zuschläge zu den Kosten der durch- gehenden Strecke) Bahnhof	
	mit			ohne							
	durchgehende 2-gleisige Strecke										
	Haltestelle bzw Bahnhof ohne Kehrgleis	Kehrgleis	Insgesamt	Haltestelle bzw Bahnhof ohne Kehrgleis	Kehrgleis 1)	Insgesamt				ohne	mit
										Kehrgleis	
	DM	DM	DM	DM	DM	DM	m	Zahl	Zahl	DM	DM
1	2	3	4	5	6	7		9	10	11	12
A. Schnellstraßenbahn											
Geländebahn											
Bahn ohne besonderen Bk 3)	5 700	129 400	135 100	5 700	129 400	135 100	350	2,86	6	16	78
mit besonderem Bk	3 500	113 800	117 300	3 500	113 800	117 300	350	2,86	6	10	64
mit eigenem BK	10 200	61 500	71 700	7 400	55 700	63 100	800	1,25	10	9	16
Offene Tiefbahn											
Böschungen	41 000	174 000	215 000	15 600	78 500	94 100	500	2	10	31	47
Stützmauern	211 000	681 100	892 100	61 000	109 300	170 300	400	2,5	8	153	187
Trog	277 000	940 500	1 217 500	96 000	251 800	347 800	400	2,5	8	240	319
Hochbahn											
Pfeiler	800 000	830 400	1 630 400	536 000	329 700	865 700	500	2	6	1 072	1 182
B. U-Bahn											
Geländebahn	260 000	129 900	389 900	249 000	110 900	359 900	1 200	0,84	10	209	218
Offene Tiefbahn											
Böschungen	375 000	284 600	659 600	286 000	126 800	412 800	1 200	0,84	10	240	251
Stützmauern	788 000	1 034 400	1 822 400	306 000	177 900	483 900	700	1,43	8	438	469
Trog	1 273 000	1 686 800	2 959 800	563 000	428 600	991 600	700	1,43	8	805	882
Hochbahn											
Damm	455 000	235 800	690 800	397 000	132 900	529 900	1 200	0,84	10	334	345
Stützmauern	602 000	829 000	1 431 000	238 000	184 000	422 000	700	1,43	8	340	373
Pfeiler	1 582 000	1 583 500	3 165 500	1 036 000	614 800	1 650 800	650	1,54	6	1 600	1 753
C. S-Bahn											
Geländebahn	327 000	137 800	464 800	310 000	106 700	416 700	1 500	0,67	8	208	217
Offene Tiefbahn											
Böschungen	531 000	446 800	977 800	366 000	145 300	511 300	1 500	0,67	8	245	257
Stützmauern	1 394 000	2 044 800	3 438 800	404 000	232 900	636 900	1 000	1	6	404	443
Trog	2 074 000	3 116 700	5 190 700	699 000	599 000	1 298 000	1 000	1	6	699	799
Hochbahn											
Damm	610 000	310 100	920 100	520 000	146 600	666 600	1 500	0,67	8	348	361
Stützmauern	833 000	1 190 300	2 023 300	310 000	234 200	544 200	1 000	1	6	310	349
Pfeiler	2 221 000	2 428 800	4 649 800	1 384 000	897 000	2 281 000	800	1,25	4	1 730	2 010

Anmerkungen: 1) Die Kosten für die Kehrgleise enthalten außer den Rohbaukosten des Bahnkörpers die Aufwendungen für Grunderwerb, Oberbau und
Fahrleitungen des Kehrgleises
2) Die Zahlen geben an, auf welchem x. Bahnhof ein Kehrgleis angeordnet ist (Annahme)
3) Bk = Bahnkörper

Tabelle 11. Geländebahn, Offene Tiefbahn und Hochbahn
Baukosten der Bahnhöfe u. Kehrgleise und anteilige Bahnhofskosten je m 2-gleisige Strecke

Als Unterlage für die Kostenermittlung der gesamten Bahnhofsanlagen sind in der Tabelle 12 und in den Bildern 39, 41 und 42 (Anhang) die errechneten Längen der einzelnen Bahnhofsabschnitte angegeben. Die in der Tabelle 12 aufgeführten Längen der Übergänge zwischen Strecke und Bahnsteig, bzw. Kehrgleis, hängen von dem Höhenunterschied zwischen Bahnhof und Strecke und der Vergrößerung der Gleisabstände ab. Als Halbmesser und Neigungen sind vorgesehen bei der

$$\text{Schnellstraßenbahn:} \quad H = 60 \text{ m}, \quad s = 1:20,$$
$$\text{U-Bahn:} \quad H = 200 \text{ m}, \quad s = 1:40,$$
$$\text{S-Bahn:} \quad H = 300 \text{ m}, \quad s = 1:45.$$

Das Ergebnis der Tabellen 54 bis 61 (Anhang) ist in Tabelle 13 zusammengestellt, in der die gesamten Baukosten der Bahnhöfe einschließlich der Vorräume und Quertunnel, Übergangsstrecken und Kehrgleisabschnitte aufgeführt sind

Da sämtlichen bisherigen Kostenermittlungen die Ausführung des Tunnels mit Rammträgerbohlwandmethode und abgedeckter Fahrbahn zugrunde liegen, wurden zur Feststellung der Kostenunterschiede im Vergleich zu anderen Ausführungsarten für einen S-Bahnhof mit Quertunnel und Inselbahnsteig in der Tabelle 62 (Anhang) die Baukosten für andere Ausführungsarten zusätzlich ermittelt. Untersucht wurde die Rammträgerbohlwandmethode ohne Abdeckung der Fahrbahn und eine Herstellung der Baugrube mit vollen Böschungen bzw. mit Böschungen und anschließender senkrechter Abschachtung. Das Ergebnis, das mit hinreichender Genauigkeit als Vergleich mit anderen Bahnsteigausbildungen und Bahnarten benützt werden kann, ist in der Tabelle 14 enthalten.

In der Tabelle 15 sind im Endergebnis unter Benützung der Werte der Tabellen 12, 13 und 14 die Baukosten einschließlich des Anteils des auf jedem 4. bzw. 6. Bahnhof angenommenen Kehrgleises und die anteiligen Bahnhofskosten je lfdm Strecke ermittelt und für die einzelnen Bahnarten, Bahnsteiganordnungen und Baumethoden einander vergleichbar gegenübergestellt.

4.2.9.8. <u>Vergleich der Baukosten der Bahnhöfe</u>

Im Bild 43 (Anhang) sind die Baukosten von den 28 untersuchten Bahnhöfen der Schnellstraßenbahn, U- und S-Bahn graphisch dargestellt, und zwar jeweils ohne und mit Kehrgleisanlage. Außerdem sind die bei einer Bauausführung im Grundwasser entstehenden Mehrkosten angegeben. Bei den Unterpflasterbahnhöfen sind darüber hinaus noch die Unterschiede in den Baukosten durch die verschiedenen Bahnsteigsysteme und Baumethoden aufgeführt.

Beim vergleichenden Betrachten der Baukosten und der dargestellten Kostensäulen für die verschiedenen Bahnhöfe fallen vor allem die

Gegenstand	Schnell-strassenbahn Aussen-		U-Bahn Aussen-	U-Bahn Insel-		S-Bahn Insel-	S-Bahn Aussen-
	Bahnsteig						
	ohne	mit	ohne	mit	ohne	mit	ohne
	Quertunnel						
	Länge in m						
1	2	3	4	5	6	7	8
1 Bahnsteig	60	60	120	120	120	160	160
Vorräume (Zahl)	(1)	(1)	(2)	(2)	(2)	(2)	(2)
Länge	–	20	48	60	48	75	54
2 Übergänge (horizontal bzw.vertikal) Bahnsteig – Strecke	40	70	100	120	100	140·	130
1) Bahnhof ohne Kehrgleis	100	150	268	300	268	375	344
1 Bahnsteig	60	60	120	120	120	160	160
Vorräume (Zahl)	(1)	(1)	(2)	(2)	(2)	(2)	(2)
Länge	20	20	48	60	48	75	54
Übergänge							
1 Bahnsteig – Strecke	20	35	50	60	50	70	65
1 Kehrgleis – Strecke	35	35	45	60	50	70	75
Kehrgleis	–	–	190	170	175	225	260
2) Bahnhof mit Kehrgleis	135	150	453	470	443	600	614
Unterschied zwischen 1) und 2)							
$\frac{1}{1}$ Länge	35	–	185	170	175	225	270
$\frac{1}{4}$ Länge	–	–	46	43	44	56	68
$\frac{1}{6}$ Länge	6	–	–	–	–	–	–
3) Bahnhof mit $\frac{1}{4}$ bzw. $\frac{1}{6}$ Kehrgleis[+]	106	150	314	343	312	431	412
Bahnhofsentfernung	500	500	650	650	650	800	800
Bahnhöfe/km (Zahl)	(2)	(2)	(1,54)	(1,54)	(1,54)	(1,25)	(1,25)
Länge bei $\frac{1}{4}$ bzw.$\frac{1}{6}$ Kehrgleis	212	300	484	528	480	539	515
Freie Strecke/km bei Bahnhöfen mit $\frac{1}{4}$ bzw.$\frac{1}{6}$ Kehrgleisanlage	788	700	516	472	520	461	485

[+] Anmerkung: Den Endzahlen liegt die Annahme zugrunde, dass bei der Schnellstrassenbahn auf jedem 6. Bahnhof und bei der U- und S-Bahn auf jedem 4. Bahnhof ein Kehrgleis angeordnet ist.

Tabelle 12. Längen der einzelnen Bahnhofsabschnitte der Unterpflasterbahnhöfe

Bahnart / Bahnhofsteile	Länge	Kosten/m in DM		Gesamtkosten Mio DM		Länge	Kosten/m in DM		Gesamtkosten Mio DM		Länge	Kosten/m in DM		Gesamtkosten Mio DM	
		ohne	im	ohne	im		ohne	im	ohne	im		ohne	im	ohne	im
	m	Grundwasser				m	Grundwasser				m	Grundwasser			
1	2	3	4	5	6	7	8	9	10	11	12	13	14	15	16
A. Schnellstraßenbahn		Außenbahnsteige ohne Quertunnel				Außenbahnsteige mit Quertunnel									
1 Bahnsteig	60	11 405	15 750	0,690	0,950	60	16 880	22 395	1,010	1,340					
1 Vorraum	(20)			0,060	0,070	20	17 685	22 940	0,360	0,460					
2 Übergänge Bahnsteig – Strecke	40	6 550	8 140	0,260	0,330	70	6 680	8 567	0,480	0,600					
Bahnhof ohne Kehrgleis	100			1,010	1,350	150			1,850	2,400					
Bahnsteig und Vorraum, w.o.	80			0,750	1,020	80			1,370	1,800					
1 Übergang Bahnsteig – Strecke	20	6 550	8 140	0,130	0,160	35	6 680	8 567	0,240	0,300					
1 Übergang Kehrgleis – Strecke	35	9 553	12 625	0,330	0,440	35	12 290	15 948	0,430	0,560					
1 Kehrgleis einschl. Weichenentwicklung	-			1,260	1,680				1,260	1,680					
Bahnhof mit Kehrgleis ohne Oberbau	135			2,470	3,300	150			3,300	4,340					
Oberbau, Signale und Fahrleitung für Kehrgleis	-			0,080	0,080	-			0,080	0,080					
Bahnhof mit Kehrgleis mit Oberbau	135			2,550	3,380	150			3,380	4,420					
Bahnhof mit Kehrgleis auf jedem 6. Bahnhof	106			1,270	1,690	150			2,110	2,740					
B. U-Bahn		Außenbahnsteige ohne Quertunnel				Inselbahnsteig mit Quertunnel					Inselbahnsteig ohne Quertunnel				
1 Bahnsteig	120	11 885	16 140	1,430	1,940	120	13 885	19 925	1,670	2,390	120	11 725	15 920	1,410	1,910
2 Vorräume	48	15 455	19 580	0,740	0,940	60	12 995	18 270	0,780	1,100	48	10 295	13 630	0,490	0,650
2 Übergänge Bahnsteig – Strecke	100	6 440	8 840	0,640	0,880	120	7 625	11 030	0,920	1,320	100	7 215	9 390	0,720	0,940
Bahnhof ohne Kehrgleis	268			2,810	3,760	300			3,370	4,810	268			2,620	3,500
Bahnsteig und Vorraum, w.o.	168			2,170	2,880	180			2,450	3,490	168			1,900	2,560
1 Übergang Bahnsteig – Strecke	50	6 440	8 840	0,320	0,440	60	7 625	11 030	0,460	0,660	50	7 215	9 390	0,360	0,470
1 Übergang Kehrgleis – Strecke	45	7 485	10 215	0,340	0,460	60	7 625	11 030	0,460	0,660	50	7 215	9 390	0,360	0,470
1 Kehrgleis einschl. Weichenentwicklung	190	7 870	11 410	1,500	2,170	170	8 350	12 660	1,420	2,150	175	7 870	11 410	1,380	2,000
Bahnhof mit Kehrgleis ohne Oberbau	453			4,330	5,950	470			4,790	6,960	443			4,008	5,500
Oberbau, Signale und Fahrleitung für Kehrgleis				0,100	0,100				0,110	0,110				0,110	0,110
Bahnhof mit Kehrgleis mit Oberbau	453			4,430	6,050	470			4,900	7,070	443			4,110	5,610
Bahnhof mit Kehrgleis auf jedem 4. Bahnhof	314			3,220	4,330	343			3,750	5,380	312			2,990	4,030
C. S-Bahn		Inselbahnsteig mit Quertunnel				Außenbahnsteige ohne Quertunnel									
1 Bahnsteig	160	18 982	24 685	3,040	3,950	160	16 473	21 664	2,640	3,460					
2 Vorräume	75	17 046	23 315	1,280	1,750	54	18 312	23 505	0,990	1,270					
2 Übergänge Bahnsteig – Strecke	140	10 047	14 046	1,410	1,970	130	9 290	12 054	1,210	1,570					
Bahnhof ohne Kehrgleis	375			5,730	7,670	344			4,840	6,300					
Bahnsteig und Vorraum, w.o.	235			4,320	5,700	214			3,630	4,730					
1 Übergang Bahnsteig – Strecke	70	10 047	14 046	0,700	0,980	65	9 290	12 054	0,600	0,780					
1 Übergang Kehrgleis – Strecke	70	10 047	14 046	0,710	0,990	75	9 533	13 066	0,710	0,980					
1 Kehrgleis einschl. Weichenentwicklung	225	11 850	18 593	2,670	4,180	260	11 365	17 030	2,950	4,430					
Bahnhof mit Kehrgleis ohne Oberbau	600			8,400	11,850	614			7,890	10,920					
Oberbau, Signale und Fahrleitung für Kehrgleis				0,100	0,100				0,090	0,090					
Bahnhof mit Kehrgleis mit Oberbau	600			8,500	11,950	614			7,980	11,010					
Bahnhof mit Kehrgleis auf jedem 4. Bahnhof	431			6,420	8,740	412			5,630	7,480					

Tabelle 13. Baukosten der Unterpflasterbahnhöfe ohne und mit Kehrgleis
Baumethode: Rammträgerbohlwand mit Fahrbahnabdeckung

Baumethoden zur Baugrubenherstellung Bahnhofsteile	Länge m	Kosten/m in DM		Gesamtkosten Mio DM	
		ohne	im	ohne	im
			Grundwasser		
1	2	3	4	5	6
S-Bahn				Inselbahnsteig mit Quertunnel	
I. Rammträger mit Fahrbahnabdeckung					
Bahnhof ohne Kehrgleis				5,730	7,670
Bahnhof mit Kehrgleis ohne Oberbau				8,400	11,850
Bahnhof mit Kehrgleis mit Oberbau auf jedem 4. Bahnhof				6,420	8,740
				100 %	100 %
II. Rammträger ohne Fahrbahnabdeckung					
Bahnsteige	160	17 850	23 533	2,860	3,770
2 Vorräume	75	15 929	22 198	1,190	1,660
1 Übergang Bahnsteig – Strecke	70	9 182	13 161	0,640	0,920
1 Übergang Kehrgleis – Strecke	70	9 182	13 161	0,640	0,920
Kehrgleis	225	10 830	17 573	2,440	3,950
Oberbau und Fahrleitung für Kehrgleis	170 m	Gleis und 3 Weichen		0,100	0,100
Bahnhof ohne Kehrgleis				5,330	7,270
Bahnhof mit Kehrgleis ohne Oberbau				7,770	11,220
Bahnhof mit Kehrgleis mit Oberbau auf jedem 4. Bahnhof				5,970	8,280
Baukosten gegen I.				93 %	95 %
III. Böschungen					
Bahnsteige	160	15 848	21 360	2,540	3,420
2 Vorräume	75	14 054	20 277	1,050	1,520
1 Übergang Bahnsteig – Strecke	70	8 022	11 924	0,560	0,830
1 Übergang Kehrgleis – Strecke	70	8 022	11 924	0,560	0,830
Kehrgleis	225	8 872	15 643	2,000	3,520
Oberbau und Fahrleitung für Kehrgleis	w.o.			0,100	0,100
Bahnhof ohne Kehrgleis				4,710	6,600
Bahnhof mit Kehrgleis ohne Oberbau				6,710	10,120
Bahnhof mit Kehrgleis mit Oberbau auf jedem 4. Bahnhof				5,240	7,510
Baukosten gegen I.				82 %	86 %
IV. Böschungen mit Abschachtung					
Bahnsteige	160	15 525	20 987	2,480	3,360
2 Vorräume	75	13 531	19 766	1,010	1,480
1 Übergang Bahnsteig – Strecke	70	7 653	11 510	0,540	0,810
1 Übergang Kehrgleis – Strecke	70	7 653	11 510	0,540	0,810
Kehrgleis	225	8 478	15 223	1,910	3,430
Oberbau und Fahrleitung für Kehrgleis	w.o.			0,100	0,100
Bahnhof ohne Kehrgleis				4,570	6,460
Bahnhof mit Kehrgleis ohne Oberbau				6,480	9,890
Bahnhof mit Kehrgleis mit Oberbau auf jedem 4. Bahnhof				5,070	7,340
Baukosten gegen I.				79 %	84 %

Tabelle 14. S-Bahn, Baukosten des Unterpflasterbahnhofs (Inselbahnsteig mit Quertunnel)
Verschiedene Baumethoden zur Herstellung der Baugrube

Bahnart / Ausführungsart der Baugrube / Gegenstand	Anzahl	Einzelkosten DM ohne Grundw.	Einzelkosten DM im Grundw.	Gesamtkosten Mio DM ohne Grundw.	Gesamtkosten Mio DM im Grundw.	Anzahl	Einzelkosten DM ohne Grundw.	Einzelkosten DM im Grundw.	Gesamtkosten Mio DM ohne Grundw.	Gesamtkosten Mio DM im Grundw.	Anzahl	Einzelkosten DM ohne Grundw.	Einzelkosten DM im Grundw.	Gesamtkosten Mio DM ohne Grundw.	Gesamtkosten Mio DM im Grundw.
1	2	3	4	5	6	7	8	9	10	11	12	13	14	15	16
A. Schnellstraßenbahn Rammträger mit Fahrbahnabdeckung		*Außenbahnsteige ohne Quertunnel*					*Außenbahnsteige mit Quertunnel*								
Bahnhöfe / Strecken-km	2	1 270 000	1 690 000	2,540	3,380	2	2 110 000	2 740 000	4,220	5,480					
Freie Strecke/km bei Kehrgleis auf jedem 6.Bahnhof	788 m	6 393	7 853	5,040	6,190	700 m	6 393	7 853	4,480	5,500					
Freie Strecke + Bahnhöfe/Km	1 000 m			7,580	9,570	1 000 m			8,700	10,980.					
Abzüglich: Freie Strecke	1 000 m	6 393	7 853	6,390	7,850	1 000 m	6 393	7 853	6,393	7,850					
Anteilige Bahnhofskosten je m Freie Strecke	(DM)			1 190	1 720	(DM)			2 310	3 130					
B. U-Bahn Rammträger mit Fahrbahnabdeckung		*Außenbahnsteige ohne Quertunnel*					*Inselbahnsteig mit Quertunnel*					*Inselbahnsteig ohne Quertunnel*			
Bahnhöfe / Strecken-km	1,54	3 220 000	4 330 000	4,960	6,670	1,54	3 750 000	5 380 000	5,780	8,290	1,54	2 990 000	4 030 000	4,600	6,210
Freie Strecke/km bei Kehrgleis auf jedem 4.Bahnhof	516 m	6 220	7 669	3,210	3,960	472 m	6 220	7 669	2,940	3,620	528 m	6 220	7 669	3,230	3,990
Freie Strecke + Bahnhöfe/km	1 000 m			8,170	10,630	1 000 m			8,720	11,910	1 000 m			7,830	10,200
Abzüglich: Freie Strecke	1 000 m	6 220	7 669	6,220	7,670	1 000 m	6 220	7 669	6,220	7,670	1 000 m	6 220	7 669	6,220	7,670
Anteilige Bahnhofskosten je m Freie Strecke	(DM)			1 950	2 960	(DM)			2 500	4 240	(DM)			1 610	2 530
C. S.-Bahn		*Inselbahnsteig mit Quertunnel*					*Inselbahnsteig mit Quertunnel*					*Außenbahnsteige ohne Quertunnel*			
1) Rammträger mit Fahrbahnabdeckung Bahnhöfe / Strecken-km	1,25	6 420 000	8 740 000	8,030	10,930	*Ausführung der Bahnhöfe: Rammträger mit Fahrbahnabdeckung*					1,25	5 630 000	7 480 000	7,040	9,350
Freie Strecke/km bei Kehrgleis auf jedem 4.Bahnhof	461 m	8 559	11 008	3,950	5,070						485 m	8 559	11 008	4,150	5,340
Freie Strecke + Bahnhöfe/km	1 000 m			11,980	16,000						1 000 m			11,190	14,690
Abzüglich: Freie Strecke	1 000 m	8 559	11 008	8,560	11,010						1 000 m	8 559	11 008	8,550	11,010
Anteilige Bahnhofskosten je m Freie Strecke	(DM)			3 420	4 990						(DM)			2 630	3 680
Baukosten	(%)			100	100						(%)			100	100
2) Rammträger ohne Fahrbahnabdeckung Bahnhöfe / Strecken-km	1,25	5 970 000	8 280 000	7,460	10,350	1,25	6 420 000	8 740 000	8,030	10,930	1,25	5 630 000	7 480 000	7,040	9,350
Freie Strecke/km bei Kehrgleis auf jedem 4.Bahnhof	461 m	7 686	10 106	3,540	4,660	461 m	7 686	10 106	3,540	4,660	485 m	7 686	10 106	3,730	4,900
Freie Strecke + Bahnhöfe/km	1 000 m			11,000	15,010	1 000 m			11,570	15,590	1 000 m			10 770	14,250
Abzüglich: Freie Strecke	1 000 m	7 686	10 106	7,690	10,110	1 000 m	7 686	10 106	7,690	10,110	1 000 m	7 686	10 106	7,690	10,110
Anteilige Bahnhofskosten je m Freie Strecke	(DM)			3 310	4 900	(DM)			3 880	5 480	(DM)			3 080	4 140
Baukosten gegen C.1)	(%)			97	98	(%)			113	110	(%)			117	113
3) Böschungen Bahnhöfe / Strecken-km	1,25	5 240 000	7 510 000	6,550	9,390	1,25	6 420 000	8 740 000	8,030	10,930	1,25	5 630 000	7 480 000	7,040	9,350
Freie Strecke/km bei Kehrgleis auf jedem 4.Bahnhof	461 m	7 302	9 922	3,370	4,570	461 m	7 302	9 922	3,370	4,570	485 m	7 302	9 922	3,540	4,810
Freie Strecke + Bahnhöfe/km	1 000 m			9,920	13,960	1 000 m			11,400	15,500	1 000 m			10,530	14,160
Abzüglich: Freie Strecke	1 000 m	7 302	9 922	7,300	9,920	1 000 m	7 302	9 922	7,300	9,920	1 000 m	7 302	9 922	7,300	9,920
Anteilige Bahnhofskosten je m Freie Strecke	(DM)			2 620	4 040	(DM)			4 100	5 580	(DM)			3 230	4,240
Baukosten gegen C.1)	(%)			77	81	(%)			120	112	(%)			125	115
4) Böschungen mit Abschachtung Bahnhöfe / Strecken-km	1,25	5 070 000	7 340 000	6,340	9,180	1,25	6 420 000	8 740 000	8,030	10,930	1,25	5 630 000	7 480 000	7,040	9,350
Freie Strecke/km bei Kehrgleis auf jedem 4.Bahnhof	461 m	6 842	9 409	3,150	4,340	461 m	6 842	9 409	3,150	4,340	485 m	6 842	9 409	3,320	4,560
Freie Strecke + Bahnhöfe	1 000 m			9,490	13,520	1 000 m			11,180	15,270	1 000 m			10,360	13,910
Abzüglich: Freie Strecke	1 000 m	6 842	9 409	6,840	9,410	1 000 m	6 842	9 409	6,840	9,410	1 000 m	6 842	9 409	6,840	9,410
Anteilige Bahnhofskosten je m Freie Strecke	(DM)			2 650	4 110	(DM)			4 340	5 860	(DM)			3 520	4 500
Baukosten gegen C.1)	(%)			77	82	(%)			127	117	(%)			134	122

Tabelle 15. Unterpflasterbahn, Baukosten der Bahnhöfe einschl. des Anteils der Kehrgleise bei verschiedenen Baumethoden und anteilige Bahnhofskosten je m 2-gleisige Strecke

außerordentlich hohen Aufwendungen für die Bahnhöfe der Unterpflasterstrecken auf, die bei einem Bahnhof im Grundwasser ohne Kehrgleisanlage für die Schnellstraßenbahn größenordnungsmäßig bei annähernd 2 Mio DM, für die U-Bahn bei 4 Mio DM und für die S-Bahn
bei 7 Mio DM liegen. Sie erreichen hiermit in ihrer Höhe ein Viel-
faches der Bahnhöfe der offenen Tiefbahnen und Hochbahnen und übersteigen selbst die je nach Bahnart zwischen 0,8 und 2,2 Mio DM be-
tragenden Bahnhofskosten der Pfeilerhochbahn um ein erhebliches
Maß. Weiter tritt in den Darstellungen der beträchtliche Kostenan-
teil der Kehrgleisanlagen hervor (s.Abschnitt 4.2.9.5.)und die hohen Kosten, die ein Bau im Grundwasser verursacht.

Schließlich sind noch die Einflüsse der verschiedenen Bahnsteigsysteme und der Quertunnel auf die Baukosten zu beachten, ebenso die
Baukostenunterschiede, die sich bei der Anwendung verschiedener
Baumethoden ergeben.Beispielsweise betragen bei den U- und S-Bahnhöfen im Grundwasser,aber ohne Kehrgleis, die Mehrkosten eines Inselbahnsteigs mit Quertunnel gegenüber Außenbahnsteigen ohne Quertunnel 22 bis 28 %, während bei den U-Bahnhöfen die Mehrkosten der
Außenbahnsteige ohne Quertunnel, gegenüber dem Inselbahnsteig ohne
Quertunnel,unter 10 % liegen.

Weiter ergeben sich wesentliche Mehrkosten der Bahnsteiganlagen
mit Quertunnel gegenüber den Anlagen ohne Quertunnel. Sie betragen
bei dem Bahnhof der Schnellstraßenbahn im Grundwasser (ohne Kehrgleis) bei einer Außenbahnsteiganlage 78 % und bei der U-Bahn im
Grundwasser (ohne Kehrgleis) bei einem Inselbahnsteig 37%. Schließlich ist noch festzuhalten, dass bei den 4 untersuchten Methoden
zur Herstellung der Baugrube ebenfalls erhebliche Baukostenunterschiede auftreten. Es betragen die Mehrkosten bei den S-Bahnhöfen
im Grundwasser bei einer Ausführung mit Rammträgern und Fahrbahnabdeckung gegenüber den Böschungen mit Abschachtung bei Bahnhöfen
ohne Kehrgleis 19 % und mit Kehrgleis 20 %.

4.2.10. Anlagetitel X. Betriebsbahnhöfe, Werkstätten und
         Verwaltungsgebäude

In den Wagenhallen der Betriebsbahnhöfe werden die Züge von Be-
triebsschluß bis Betriebsbeginn abgestellt, soweit hierfür nicht
die Bahnsteiggleise der Endbahnhöfe und die Kehrgleise zur Verfügung stehen. Außerdem werden in ihnen die laufenden Revisionen und
kleinen Ausbesserungen der Fahrzeuge vorgenommen, während für die
größeren Instandsetzungen besondere Werkstatthallen notwendig sind.

Bei der Umgestaltung und Modernisierung eines großstädtischen Nahverkehrsnetzes wird in der Mehrzahl der Fälle das Abstellen und
die Unterhaltung eines größeren, neubeschafften Wagenparks in den
bereits bestehenden Anlagen nicht möglich sein. Die vorhandenen
Abstell- und Werkstattanlagen werden zumindest erweitert werden

müssen. In der Untersuchung fand daher der auf die Streckenein-
heit entfallende Anteil an den Anlagekosten der Betriebsbahnhöfe,
Werkstätten- und Verwaltungsgebäude ebenfalls Berücksichtigung.

Die Höhe der Anlagekosten bei der Schnellstraßenbahn wurde aus den
von Pohl [8] angegebenen Werten für 5 Straßenbahnbetriebe in Groß -
städten errechnet, während für die U- und S-Bahn unter Zugrundelegung des Umfangs der 5 Betriebsbahnhöfe der U-Bahn Berlin die Kosten der Wagen-, Revisions- und Werkstatthallen mit Werkzeugen und
Maschinen, der Gleis- und Wegeanlagen sowie der Dienst- und Verwaltungsgebäude, im einzelnen ermittelt wurden (Tabelle 63, Anhang).

Die auf diese Weise errechneten Werte wurden auf die in den verschiedenen Netzen vorhandenen Fahrzeugzahlen und diese wiederum
auf einen Strecken-km umgelegt. Als Anteil der Betriebsbahnhöfe,
Werkstätten und Verwaltungsgebäude für einen Strecken - km ergab
sich bei der Schnellstraßenbahn ein Betrag von 227 000 DM, bei der
U-Bahn von 414 000 DM und bei der S-Bahn von 294 000 DM. Der im
Vergleich zur U-Bahn bei der S-Bahn niedrigere Betrag rührt daher,
daß bei der S-Bahn wegen der höheren Fahrgeschwindigkeiten ein
kleinerer Fahrzeugpark notwendig ist, und dass im allgemeinen nur
die Hälfte der Wagen während der Betriebsruhe in Hallen abgestellt
wird.

4.2.11.   Anlagetitel XI. Außergewöhnliche Anlagen

4.2.11.1. Verlegung von städtischen Versorgungsleitungen

Der Umfang, in dem beim Bau einer Schnellbahn städtische Versor-
gungs- und Abwasserleitungen, die im Baugrubenbereich liegen, vorübergehend oder vollständig neu verlegt werden müssen, hängt von
vielen örtlich immer wieder verschiedenen Umständen ab. Hier sind
besonders anzuführen die Raumlage der Bahn als Tief- oder Hochbahn, die Abmessungen des Bahnkörpers, die Tiefenlage des Bahntunnels, des Personenquertunnels und der Leitungen, und zwar hier
insbesondere der Abwasserleitungen, die Zahl und Anordnung der Leitungen in einer Straße und die vom Tunnelquerschnitt nicht bean-
spruchte Straßenbreite, das Gesamtnetz der städtischen Leitungen
und die Möglichkeit einer Verlegung der Hauptleitungen in Parallel-
straßen.

Bei einer Tiefenlage der Tunneloberkante unter der Strassenfläche
von 1,50 m werden im allgemeinen die Versorgungsleitungen in ihrer
bisherigen Lage bleiben können, sie müssen also nur während des
Baues in der Baugrube aufgehängt und gesichert werden. Über den Umfang der notwendigen Verlegung oder Neuanlage (Doppelführung) von

---

8) Pohl, M.: "Die Wettbewerbsgrenzen der öffentlichen großstädti-
         schen Straßenverkehrsmittel". Großdeutscher Verkehr
         1943, S.48, 66 und 71

Abwasserleitungen können keine auch nur annähernd gültigen Angaben gemacht werden, da die jeweiligen örtlichen Verhältnisse zu große Unterschiede aufweisen. Als grössenordnungsmäßiger Anhalt für die Kosten der provisorischen Verlegungen, d.h.also Sicherung der Leitungen während der Bauzeit,sollen hier die Leitungsverlegungen,die beim Bau eines 70 m langen Tunnelstückes der Berliner NS-S-Bahn in der Saarlandstraße entstanden sind, herangezogen werden. Die dort ausgeführten Arbeiten können der Art und dem Umfang nach ungefähr als Mittelwert betrachtet werden. Die Arten der Leitungen mit den provisorischen Verlegungslängen und die dabei entstandenen Kosten sind im einzelnen in der Tabelle 64 (Anhang) aufgeführt. Mit diesen Werten und den für die Bahnarten in den verschiedenen Stadtbezirken gemachten Annahmen ergibt sich für die vorübergehenden Leitungsverlegungen bei Tiefbahnen in der Innenstadt je lfdm Strecke lt. Tabelle 65 (Anhang) ein grössenordnungsmäßiger Betrag von 160.- DM für die Schnellstraßenbahn, von 200.- DM für die U-Bahn und von 300.- DM für die S-Bahn. Die in den Vorstadt- und Außenbezirken entstehenden Kosten liegen entsprechend niedriger.

4.2.11.2. Gebäudesicherungen und Gebäudeunterfahrungen

Eine Stadtschnellbahn muß, wenn sie ihre Aufgaben im heutigen Nahverkehr befriedigend lösen und zu einer wesentlichen Entlastung des Oberflächenverkehrs beitragen soll, in der Innenstadt die beste Verkehrslage erhalten und eine verhältnismäßig hohe Reisegeschwindigkeit erzielen. Diese Forderungen bedingen eine möglichst gestreckte Linienführung auch in den engen Gebieten der Innenstadt Hier lassen sich, vor allem bei Bahnhöfen,Gebäudesicherungen und Unterfahrungen trotz weitgehender Anpassung an geeignete Strassenzüge nicht vermeiden, da deren Breite vielfach zu gering bzw. die Straßenhalbmesser zu klein sind.

Zur Ausführung der Gebäudesicherungen- und unterfahrungen dienen hauptsächlich die nachfolgenden Verfahren:

4.2.11.2.1. Sicherung von Gebäudefundamenten außerhalb der Baugrube

a. Chemische Bodenverfestigung:

Bei dieser Methode werden die Gebäudefundamente und Kellerräume überhaupt nicht berührt, wodurch Beunruhigungen der Bewohner und gegebenenfalls hohe Entschädigungen vermieden werden. Das Verfahren ist nur bei verhältnismäßig reinem und groben Sand und Kies anwendbar.

b. Stahlbetonschürze:

In den Fällen, in denen der Boden zur Verfestigung nicht geeignet, oder das Schlagen von Rammträgern zur Herstellung der Baugrubenumschließung aus örtlichen Gründen nicht möglich ist, wird bei unmittelbarer Hausnähe eine Stahlbetonschürze als Baugrubenbegrenzung ausgeführt. Diese Schürze dient gleichzeitig der Gebäudesicherung. Sie wird, um Gebäudebewegungen weitestgehend zu verhindern, in Abschnitten von höchstens 1,5 m Länge hergestellt.

c. Fundamentunterfangung:

Rückt die Tunnelaußenwand bis an die Frontmauer des Gebäudes heran, dann muß das Gebäude auf eine Fundamentmauer abgesetzt werden, die in Schachtbauweise ebenfalls in kurzen Abschnitten unter dem Gebäudefundament ausgeführt wird und die etwa 1,0 m unter die Tunnelsohle reichen muß. Die Mauer darf, um eine Übertragung des Fahrgeräusches und der Erschütterungen auf das Gebäude zu vermeiden, mit dem Tunnelkörper nicht in Verbindung stehen. Der mindestens 0,25 m breite Zwischenraum zwischen Fundamentmauer und Tunnelkörper ist mit Schallkies zu verfüllen. Bei einem geringen Unterschneiden des Gebäudefundaments werden Unterfangungsmauern mit Kragarm ausgeführt.

4.2.11.2.2. Gebäudeunterfahrungen

a. Unterfangungsmauer und Isolierstützen:

Bei einer Teilunterfahrung von Gebäuden wird die Auflast von Unterzügen abgefangen, die einerseits unter dem Gebäude auf einer Unterfangungsmauer und andererseits ausserhalb des Gebäudes auf Stützen abgesetzt sind. Für die Stützen muß durch ein Auseinanderziehen der Gleise so viel Raum geschaffen werden, dass sie als selbständiger Bauteil durch den Tunnel, ohne Berührung mit ihm, hindurchgeführt werden können (Isolierstützen). Der Raum zwischen Stütze und Tunnelkörper ist mit Schallkies auszufüllen.

b. Vollständiges Unterfahrungsbauwerk:

Bei einer Unterfahrung ganzer Gebäude oder Gebäudegruppen werden nach provisorischer Abfangung der Fundamente Parallelmauern außerhalb des späteren Tunnelkörpers von den Kellern des Gebäudes aus abschnittsweise eingezogen, und zwar durch Heruntertreiben bergmännischer Stollen, notfalls mit Grundwasserabsenkung durch Tiefbrunnen. Die 2,5 m bis 3,0 m starke Unterfahrungsmauer wird zweckmäßig als Schwergewichtsmauer zur alleinigen Aufnahme des vollen Erddrucks ausgebildet. Die Gebäudefundamente werden dann auf eine darüberliegende, ebenfalls abschnittsweise eingezogene, massive Trägerdecke abgesetzt, oder bei unregelmäßigen bzw. schräg anlaufenden Fundamenten unter Benützung von Hilfsabfangungen auf einen Trägerrost. Insbesondere bei schlechten Fundamentverhältnissen sind dabei umfangreiche provisorische Abfangungen, gegebenenfalls unter Ausführung von Bodenverfestigungen, nicht zu vermeiden. Um beim Absetzen auf die Unterfangungskonstruktionen ein Nachgeben der Gebäudefundamente, vor allem aber einzelner besonders stark belasteter Stützen, zu vermeiden, sind beim Absetzen hydraulische

Pressen zum Zusammenpressen des Mauerwerks bzw. zur Aufhebung der
Durchbiegungen der Unterzüge zu verwenden. Innerhalb des Unter-
fangungsbauwerks werden die Wände des Bahntunnels so schwach wie
möglich ausgeführt, um die Unterfahrungsfläche möglichst klein zu
halten. Bei anstehendem Grundwasser muß daher die Tunnelsohle und
nicht die Tunnelwände zur Aufnahme des Auftriebs stärker dimensioniert werden.

Zur Verminderung der Fahrgeräusche und Erschütterungen sind besonders sorgfältige Maßnahmen notwendig. Hier sind anzuführen: Voll-
ständige Trennung von Unterfahrungsbauwerk und Tunnelkörper, schwer
erregbare massive Bauteile ohne Nischen unter weitgehender Vermei-
dung von Stahl- oder Spannbeton, Tiefgründung des Unterfahrungsbau-
werks gegenüber der Tunnelsohle um mindestens 1,0 m, Zwischenraum
zwischen dem Unterfahrungs- und Tunnelbauwerk mit einer Mindestwei-
te von 0,5 m für Schallkies, 0,2 m hoher Luftraum über der Tunneldecke, Dämmschichten zwischen Unterfahrungsbauwerk und Gebäude, je
15 m über das Unterfahrungsbauwerk hinausreichender schwerer Oberbau mit hohem Schotterbett (50 cm unter Schwellenunterkante) und
geschweißten Schienenstößen sowie dauernde Überwachung der Gleis-
lage nach Höhe und Richtung.

4.2.11.2.3. Gebäudeabbruch und Neuaufbau auf Fundamentplatte:

Vor jeder Unterfahrung eines Gebäudes ist eine Wirtschaftlichkeits-
berechnung darüber aufzustellen, ob der Erwerb und Abbruch des Gebäudes geringere Kosten verursacht, als seine Unterfahrung. Zu den
Aufwendungen für den Erwerb und Abbruch des Gebäudes kommen noch
die Entschädigungen für die Räumung der Geschäftsräume und Wohnun-
gen hinzu, sowie die Kosten für ein Unterfahrungsbauwerk, das nunmehr aber unter einfachen Verhältnissen für ein über ihm wieder zu
erstellendes Gebäude ausgeführt werden kann. Ebenfalls zu berücksichtigen sind die Einsparungen beim Bau des Tunnelkörpers der
Bahn durch Ausführung in offener Baugrube. Die Decke über den Un-
terfahrungsmauern wird als Stahlbetonplatte in einer solchen Stär-
ke auszubilden sein, dass das neue Gebäude mit jeder beliebigen
Fundamentanordnung gebaut werden kann.

4.2.11.2.4. Kosten der Gebäudesicherungen und

             Gebäudeunterfahrungen

Für die Kosten der Gebäudesicherungen und -unterfahrungen sind die
örtlichen Verhältnisse in einem solchen Umfang maßgebend, daß allgemein gültige Richtzahlen hierfür nicht angegeben werden können.
Als Anhalt seien Kosten aufgeführt, mit denen die Reichsbahnbau-
direktion München auf der Grundlage von Erhebungen der BVG-Berlin
größenordnungsmäßig gerechnet hat. Bei Umrechnung auf die heutige
Preisbasis ergibt sich für eine

> Unterfahrung von Gebäuden $\qquad$ 3 400.- DM/m^2,
> Unterfahrung in unbebautem Gelände $\qquad$ 850.- DM/m^2.

Wenn es auch unmöglich ist, für die Gebäudesicherungen und -unter-
fahrungen einen Richtwert für eine ganze Strecke anzugeben, so
soll doch in die Untersuchung ein Betrag aufgenommen werden, der
auf Grund eines durchgeführten Bauvorhabens als größenordnungsmäßiger Anhalt für einigermaßen normal verlaufende längere Unterpflasterstrecken herangezogen werden kann. Beim Bau der 10,2 km langen
Strecke Gesundbrunnen-Leinestraße der Berliner U-Bahn, die etwa
auf halbe Länge dicht besiedelte Gebiete mit teilweise engen
Straßen durchfährt, entstanden im Jahr 1929 für die Gebäudesiche-
rungs- und Unterfahrungsarbeiten zusätzliche Aufwendungen in Höhe
von 9,8 Mio RM. Auf die Preisbasis 1953 umgerechnet, ergeben sich
damit durchschnittliche kilometrische Kosten im Betrag von
1,3 Mio DM. Diese einer U-Bahn entsprechenden Kosten wurden der
vorliegenden Untersuchung zugrunde gelegt mit Abschlägen für die
Schnellstraßenbahnen wegen deren kleineren Halbmessern und Zuschlä-
gen für die S-Bahnen wegen deren größeren Halbmessern.

Rechnungsgang:

Der Ermittlung der Unterfahrungsfläche in Abhängigkeit vom Krümmungshalbmesser wurde eine rechtwinklige Straßenkreuzung zugrunde
gelegt. Bei schiefwinkligen Straßenkreuzungen bleiben die Flächen-
verhältnisse bei Unterfahrung von spitz- oder stumpfwinkligen Gebäuden im Prinzip die gleichen.

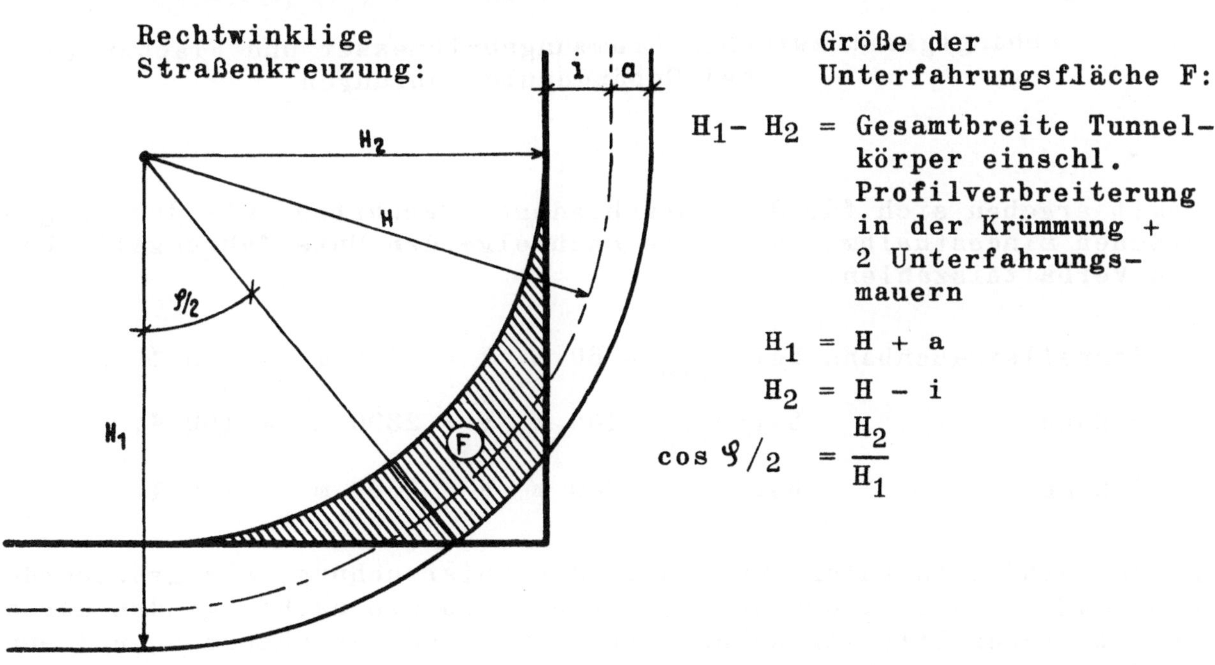

$$H_1 - H_2 = \text{Gesamtbreite Tunnel-}$$
körper einschl.
Profilverbreiterung
in der Krümmung +
2 Unterfahrungs-
mauern

$$H_1 = H + a$$
$$H_2 = H - i$$
$$\cos \varphi/2 = \frac{H_2}{H_1}$$

$$F = 0,5 \left[(H + a)^2 \cdot \left(\frac{\pi}{2} - \frac{\varphi \cdot \pi}{180} + \sin \varphi \right) - (H - i)^2 \cdot \frac{\pi}{2} \right]$$

Diese Gleichung ergibt die umseitig dargestellte flache Parabel,
aus deren Verlauf die Flächengröße in Abhängigkeit von der Krümmung abgelesen werden kann.

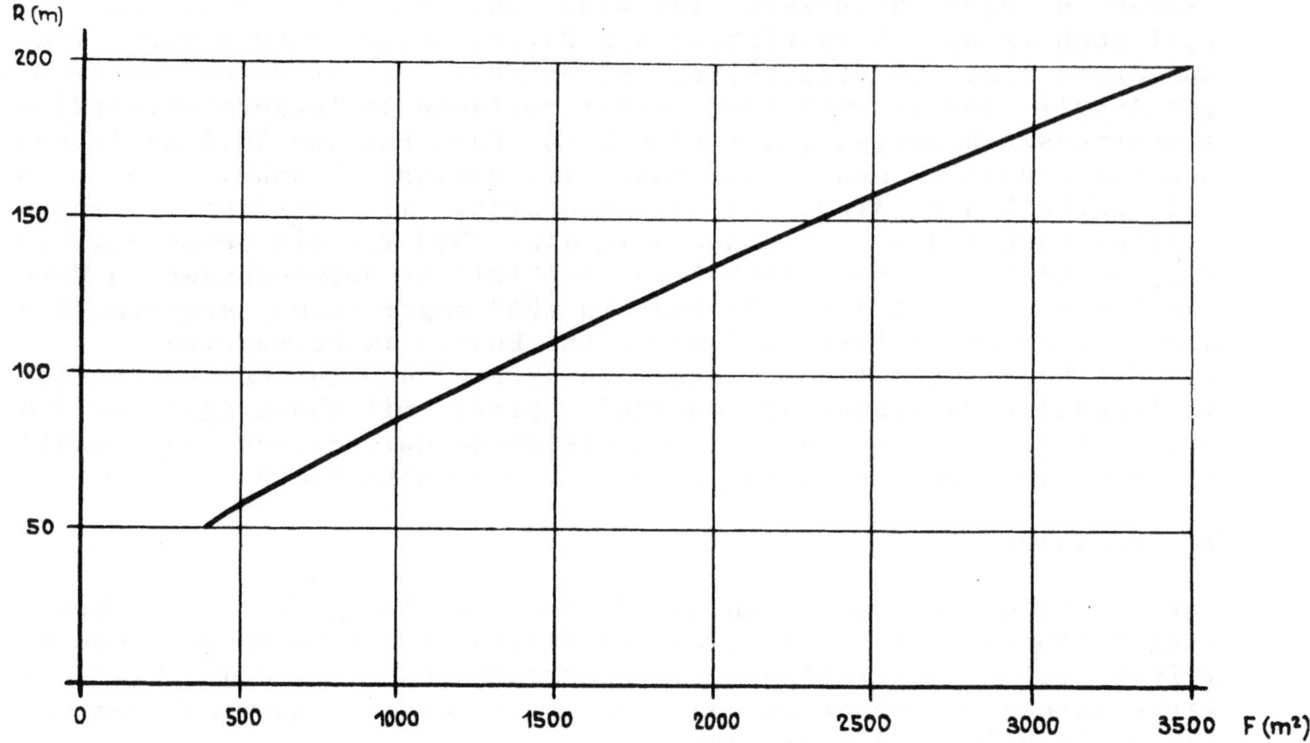

Abhängigkeit zwischen Krümmungshalbmesser und Flächengröße
bei Gebäudeunterfahrungen

Damit ergeben sich für die verschiedenen Bahnarten mit den angegebenen Mindesthalbmessern die nachfolgenden Unterfahrungsflächen und Verhältniszahlen:

Schnellstraßenbahn bei H_{min} = 60 m, F = 500 m^2 = 20 %,

U-Bahn   bei H_{min} =150 m, F = 2300 m^2 = <u>100</u> %,

S-Bahn   bei H_{min} =200 m, F = 3500 m^2 = 150 %.

Diese Verhältniszahlen wurden in die Untersuchung als größenordnungsmäßiger Anhalt übernommen, woraus sich die nachfolgenden durchschnittlichen kilometrischen Kosten für Gebäudesicherungen und -unterfahrungen errechneten:

Schnellstraßenbahn 1,3 Mio DM/km · 20 % = rd. 0,3 Mio DM/km,
U-Bahn   1,3 Mio DM/km · 100 % = 1,3 Mio DM/km,
S-Bahn   1,3 Mio DM/km · 150 % = 2,0 Mio DM/km.

4.2.12. Anlagetitel XII. Unterhaltung der Anlagen bis zur

Übernahme durch den Betrieb

Die baulichen Anlagen müssen mit Ausnahme der Bahnen im Straßenraum nach ihrer Fertigstellung bis zur Aufnahme des Betriebs noch
eine gewisse Zeit unterhalten werden. In der Vergleichsrechnung
wurde angenommen, daß die Anlagen der Geländebahnen, der Tiefbahnen mit Böschungen und der Hochbahnen auf Dämmen nach ihrer Fertigstellung nur einige Monate und die sonstigen Tief- und Hochbahnen einschließlich der Tunnelbahnen längstens 1 Jahr lang zu
unterhalten sind. Bei Verwendung der in Tabelle 66 (Anhang) für
die einzelnen Anlagetitel angegebenen jährlichen Unterhaltungssätze und gewichtsmäßiger Ermittlung der bei den verschiedenen Anlagetiteln anfallenden Unterhaltungskosten ergeben sich für die
Unterhaltung der Anlage bis zur Übernahme durch den Betrieb bei
der ersteren Gruppe 0,5 % und bei der letzteren Gruppe 0,8 % der
Bausumme.

4.2.13. Anlagetitel XIII. Bauzinsen

Für das Baukapital sind während der Bauzeit solange Zinsen aufzuwenden, bis der Betrieb auf dem betreffenden Abschnitt eröffnet
werden kann. Wegen des allmählichen Anwachsens der zum Bau notwendigen Kapitalien werden diese Bauzinsen (Zinsfuß p = 5,5 %
+ Spesen s = 0,5 %) nur zur Hälfte in Rechnung gestellt. Den Bauzeiten entsprechend (Tabelle 67, Anhang) ergeben sich für die
verschiedenen Bauarten die folgenden Bauzinsen:

Geländebahnen, Tiefbahnen mit Böschungen, Dammbahnen p = 2 %,
Offene Tiefbahnen und Hochbahnen mit Kunstbauten   p = 4 %,
Tunneltiefbahnen   p = 6 %.

4.2.14. Anlagetitel XIV. Planung, Bauleitung, Verwaltung

Zur Erfassung der Leistungen, die bei der Ermittlung der Kosten
für die einzelnen baulichen Anlagen nicht berücksichtigt werden
konnten, sind Zuschläge anzusetzen und zwar

        für Vorarbeiten, Ausschreibung und Vergabe
           der Bauarbeiten, allgemeine Bauleitung,
           Abrechnung und Verwaltung   =   3,5 %,

        für örtliche Bauaufsicht   =   1,2 %,

        für Entwurfsbearbeitung und Bauleitung für
           erschwerte Verhältnisse bei U-Bahnbauten=   1,3 %.

Dies ergibt insgesamt einen Betrag in Höhe von 6 % der Bausumme.

4.3. Ergebnis der Baukostenermittlung

Die gesamten ermittelten Anlagekosten sind getrennt für die Schnellstraßenbahnen, U-Bahnen und S-Bahnen in den Ergebnistabellen 18,19 und 20 (Anhang) zusammengestellt,und zwar in Tabelle 18 für 16 Ausführungsarten von Schnellstrassenbahnen und in den Tabellen 19 und 20 für je 20 Ausführungsarten von U- und S-Bahnen. In den für 1 lfdm 2-gleisige Strecke angegebenen Anlagekosten sind, neben den Kosten für den Grunderwerb, alle Aufwendungen für die betriebsfertige Herstellung der festen Bahnanlagen auf der Preisbasis vom Jahr 1953 enthalten, also ausser den Rohbaukosten für die Herstellung des Bahnkörpers einschließlich der Aufwendungen für die Verlegung von städtischen Leitungen, sowie Gebäudesicherungen und Gebäudeunterfahrungen, die Kosten des Oberbaus und der elektrischen Streckenausrüstung, sowie der Signal- und Fernmeldeanlagen. Außerdem sind die Anteile der Bahnhöfe und Betriebsbahnhöfe berücksichtigt und ebenso die Beträge für die Unterhaltung der Anlage bis zur Eröffnung des Betriebs, die Zinsen für das Baukapital sowie die Kosten der Planung, Bauleitung und Verwaltung. Nicht enthalten sind die Kosten für die Ergänzung oder Neubeschaffung des Fahrzeugparks.

Einen Überblick über die gesamten Anlagekosten der Schnellstraßenbahn, U-Bahn und S-Bahn gibt die Tabelle 16. Sie zeigt ausserdem die Wertigkeiten der einzelnen Bahntypen im Verhältnis zur Unterpflasterstraßenbahn im Grundwasser mit einer Herstellung der Baugrube zwischen Rammträgerbohlwänden und Abdeckung der Strassenfahrbahn.

Die Ergebnistabellen 18 bis 20 weisen neben den Gesamtkosten die Anlagekosten ohne Grunderwerb besonders aus, weil die Grunderwerbskosten in anderen Städten gegenüber den angenommenen Werten mit wesentlichen Preisunterschieden anfallen können. Ebenso enthalten die Zusammenstellungen die Anlagekosten ohne den Anteil der Betriebsbahnhöfe, Werkstätten und Verwaltungsgebäude, da mit der Umgestaltung eines Nahverkehrsnetzes nicht unbedingt auch eine Erweiterung oder ein Ausbau dieser Anlagen verbunden sein muß.

Weiter sind in den Ergebnistabellen die "Rohbaukosten" des Bahnkörpers angegeben. Diese Kosten umfassen neben den Herstellungskosten für den eigentlichen Bahnkörper die Aufwendungen für die Kreuzungen zwischen Bahn und Straßen, die Verlegung von städtischen Leitungen, die Sicherung und Unterfahrung von Gebäuden sowie die anteiligen Kosten für Bauzinsen, Planung und Verwaltung. Außerdem ist der Anteil dieser Kosten an den gesamten Anlagekosten aufgeführt.

Die Anlagekosten sämtlicher Bahnen können nunmehr unmittelbar miteinander verglichen und Verhältniszahlen für sie angegeben werden, denn den einzelnen Bahn- und Ausführungsarten liegen jeweils

Raumlage der Bahn Ausführungsart	Straßen- bzw. Schnell- straßen- bahn	U-Bahn	S-Bahn	Straßen- bzw. Schnell- straßen- bahn	U-Bahn	S-Bahn
	Gesamte Anlagekosten der festen Bahnanlagen (Baupreise 1953)			Wertigkeit in % 100 = Gesamte Anlagekosten der Unterpflasterstraßenbahn im Grundwasser mit Baugrube zwischen Rammträgerbohlwänden und Fahrbahnabdeckung		
	Mio DM je km 2-gleisige Bahn					
1	2	3	4	5	6	7
Geländebahn						
im Straßenraum						
ohne besonderen Bahnkörper						
Wagenbreite 2.20 m	1,785	–	–	14	–	–
Wagenbreite 2.50 m	1,915	–	–	15	–	–
mit besonderem Bahnkörper	2,419	–	–	19	–	–
außerhalb des Straßenraums						
mit eigenem Bahnkörper	0,922	2,301	1,656	7	18	13
Tiefbahn						
Offene Tiefbahn						
zwischen Böschungen	2,037	3,252	3,048	16	25	23
zwischen Stützmauern	7,354	8,152	9,953	57	63	77
im Trog (Grundwasser)	8,637	10,667	13,019	67	82	100
Unterpflasterbahn						
Baugrube ohne Grundwasser						
Rammträgerbohlwand						
mit Fahrbahnabdeckung	10,729	15,552	20,055	83	120	155
ohne Fahrbahnabdeckung	10,083	15,134	19,588	78	117	151
Böschungen	10,147	15,137	19,481	78	117	150
Böschungen mit Abschachtung	9,756	14,781	19,208	75	114	148
Baugrube im Grundwasser						
Rammträgerbohlwand						
mit Fahrbahnabdeckung	12,975	18,328	24,592	<u>100</u>	141	190
ohne Fahrbahnabdeckung	12,331	17,908	24,129	95	138	186
Böschungen	12,421	17,903	24,117	96	138	186
Böschungen mit Abschachtung	12,010	17,565	.23,830	93	135	184
Flußunterfahrung						
Baugrube						
zwischen Fangedämmen	–	18,484	21,736	–	142	168
unter künstlicher Flußsohle	–	37,676	40,930	–	290	315
Bergmännischer Tunnel						
mildes – gebräches Gebirge	–	13,938	15,985	–	107	123
hartes Gebirge	–	9,422	10,341	–	73	80
schwimmendes Gebirge	–	30,338	35,284	–	234	272
Hochbahn						
Damm	–	3,058	2,504	–	24	19
Stützmauern	–	6,817	6,392	–	53	49
Pfeiler	7,323	9,543	9,796	56	74	75

Tabelle 16. Gesamte Anlagekosten der festen Bahnanlagen und Verhältnis der Anlagekosten

die gleichen örtlichen Verhältnisse und die gleichen Einheits-
preise zugrunde. Diese Verhältniszahlen (Wertigkeiten) sind in
den Ergebnistabellen 18 bis 20 (Anhang) ebenfalls ausgeführt, einmal für die verschiedenen Raumlagen der gleichen Bahnart und zum
anderen im Vergleich mit der Unterpflasterstraßenbahn.

Die in den Ergebnistabellen für die Unterpflastertunnel angegebenen Baukosten sind für die Normaltiefenlage des Tunnels mit
einem Abstand von der Straßenoberfläche bis zur Tunneloberkante
von 1,50 m ermittelt. Bei anderen Tiefenlagen sind Zuschläge zu
den angegebenen Kosten einzusetzen, die in % der Kosten der Normaltiefenlage ermittelt wurden. Diese Werte sind gestaffelt für
je 1 m Mehrtiefe in Tabelle 17 ausgewiesen.

Aus den Zahlen der Tabellen und den Wertigkeiten geht hervor, daß
die Anlagekosten im wesentlichen von der Betriebsform der Bahn,
dem Bahnprofil und seiner Tiefenlage, dem Umfang der Gebäudeunterfahrungen sowie den Bahnsteiglängen und dem Abstand der Bahnhöfe
abhängen. Höhere Kosten bei einigen U-Bahnarten gegenüber denen
der S-Bahn sind trotz des kleineren Bahnprofils darin begründet,
dass die festen Anlagen des Gleichstrombetriebs teurer sind als
die des Wechselstrombetriebs und daß bei den kleineren Bahnhofs-
abständen der U-Bahn die anteiligen Bahnhofskosten trotz der kürzeren Bahnsteige einen höheren Wert erreichen. Außerdem erfordert
gleiche Zugfolgezeit mehr Signaleinheiten und auch umfangreichere
Betriebsbahnhöfe, da im Gegensatz zur S-Bahn sämtliche U-Bahnfahr-
zeuge während der Betriebsruhe üblicherweise in Hallen abgestellt
werden.

Der besseren Übersichtlichkeit wegen sind die für die Schnellstraßenbahnen, U-und S-Bahnen in den Ergebnistabellen getrennt
wiedergegebenen Kapitalkosten in zwei graphischen Darstellungen
so gruppiert, dass je die gleichen Raumlagen der verschiedenen
Bahnarten nebeneinander stehen und damit hinsichtlich des Kosten-
aufwands leicht miteinander verglichen werden können. Die Anlagekosten von Strecken, die außerhalb des Grundwassers liegen, zeigt
Bild 44 (Anhang), die Kosten der Strecken im Bereich des Grundwassers Bild 45 (Anhang).

Es sei nochmals vermerkt, daß die vorstehend angegebenen Einzel-
und Gesamtkosten, denen durchweg mittlere Verhältnisse zugrunde
liegen, vor der Anwendung auf andere Verhältnisse in ihren Elementen kritisch überprüft werden müssen. Grundsätzlich werden
aber auch in anders gelagerten Fällen die für die verschiedenen
Bahnarten und Raumlagen angegebenen Wertigkeiten ihre Gültigkeit
behalten.

Bahnart	Mehrtiefe gegenüber Normaltiefenlage (Straßenoberfläche bis Tunneloberkante = 1.50 m)	Abstand Straßenoberfläche bis Schienenoberkante	Gesamtbaukosten (Rohbaukosten) für die Normaltiefe je m 2-gl. Bahn		Mehrkosten für Mehrtiefe			
			Tunnel		Tunnel			
					ohne		im	
					Grundwasser			
			ohne	im	Roh-	Gesamt-	Roh-	Gesamt-
			Grundwasser		Baukosten			
			Preise 1953		Zuschläge in % der Kosten für Normaltiefenlage			
	m	m	DM	DM				
1	2	3	4	5	6	7	8	9
Straßenbahn	0	6,50	10 472 (9 009	12 718 11 237)	—	—	—	—
	1	7,50			13	11	13	12
	2	8,50			26	22	28	25
	3	9,50			35	29	37	32
	4	10,50			42	35	43	37
	5	11,50			50	43	48	42
	6	12,50			60	51	58	51
	7	13,50			70	60	73	64
	8	14,50			82	70	88	77
U-Bahn	0	6,00	15 084 (10 830	17 861 13 585)	—	—	—	—
	1	7,00			12	9	14	10
	2	8,00			24	16	26	19
	3	9,00			33	23	38	27
	4	10,00			41	28	44	32
	5	11,00			47	33	50	35
	6	12,00			56	39	59	42
	7	13,00			66	45	70	50
	8	14,00			78	53	85	61
S-Bahn	0	7,50	19 724 (15 992	24 262 20 494)	—	—	—	—
	1	8,50			10	8	12	9
	2	9,50			16	13	20	14
	3	10,50			21	16	23	18
	4	11,50			28	22	27	22
	5	12,50			36	28	35	29
	6	13,50			43	33	47	38
	7	14,50			54	42	60	47
	8	15,50			64	50	68	55

Tabelle 17. Anlagekosten für Unterpflastertunnel ohne Betriebsbahnhöfe
in Abhängigkeit von der Tiefenlage des Tunnels

5. Kapitaldienst und Selbstkosten

Es bleibt nun noch festzustellen, in welchem Umfang der Kapitaldienst für die Neuanlagen die bisherigen Selbstkosten beeinflußt
und die Leistungseinheit (eine Fahrt) künftig belastet.

5.1. Kapitaldienst der festen Anlagen

Für die Selbstkostenrechnung der Verkehrsbetriebe sind, außer den
hier nicht zu behandelnden Betriebs- und Unterhaltungskosten, folgende Einzelkosten zu ermitteln[11]:

1. Die Verzinsungskosten des Anlagekapitals,

2. die Tilgungs- (Amortisations-)kosten desselben Kapitals, wenn
   ein Geldgeber vorhanden ist, dem das Kapital nach einer gewissen Zeit zurückbezahlt werden muß,

3. die Abschreibungs- (Erneuerungs-)kosten, wodurch eine der Nutzungsdauer der Anlage entsprechende laufende Rücklage gemacht
   wird, die es ermöglicht, nach vollkommener Abnützung dieser Anlage eine gleichwertige neu zu erstellen.

Die Kostenanteile aus Verzinsung und Tilgung stellen den Kapitaldienst dar, wobei in der Regel der mit der Neuanlage zu verglei-
chende bisherige Zustand diese Posten nicht aufweist, weil die
benutzten bisherigen Anlagen kapitalmäßig als amortisiert betrachtet werden können. Überlicherweise wird für große Bauvorhaben
der öffentlichen Hand das Anlagekapital durch Anleihen aufgebracht.
Es muß fest verzinst und nach einem bestimmten Terminkalender ge-
tilgt werden.

Die Ansammlung eines Erneuerungsfonds durch Abschreibung verfolgt
den Zweck, die Anlagen nach Ablauf ihrer Lebensdauer weiterbe -
stehen zu lassen. Ist dieser Zeitpunkt erreicht, dann kann das
angesammelte Kapital in der bestehenden Anlage erneut festgelegt werden, oder die alte Anlage wird stillgelegt und das frei
gewordene Kapital für einen Neubau anderweitig verwendet. Ab -
schreibungsdauer und Tilgungsfrist sind nicht gleich. Während die
erstere von der Lebensdauer der Anlage abhängt, richtet sich die
Tilgungsfrist nach den Vereinbarungen mit dem Geldgeber. Wird neben der Tilgung das Anlagekapital auch noch abgeschrieben, wird
also ein Erneuerungsfonds angesammelt, dann geschieht mehr, als
der geschlossene wirtschaftliche Kreislauf des Unternehmens erfordert, denn nun wird das Anlagekapital doppelt herausgewirt -
schaftet. Erfolgt keine Tilgung des Anlagekapitals, dann sind Ab-
schreibungen vorzusehen.

---

11) Graßmann, E.: "Die Wirtschaftlichkeit technischer Neuerungen
                   im Eisenbahnwesen".
                   Die Bundesbahn 1951 S. 74-79

Berechnung der Verzinsungs-, Tilgungs- und Abschreibungskosten:

1. Die Verzinsungskosten

Die jährlichen Verzinsungskosten errechnen sich nach der Formel

$$Z = \frac{p}{100} \cdot K \quad (1)$$

worin p der Zinsfuß in % und K das Anlagekapital sind.

2. Die Tilgungskosten

Es gibt zwei Möglichkeiten der Tilgung:

a. Die einfache Tilgung.
   Ist m in Jahren die festgelegte Tilgungszeit, dann ist der
   jährliche Tilgungsbetrag

$$T = \frac{K}{m} \quad (2a).$$

Die jährlichen Zinsen nach Formel (1) werden alsdann vom jeweils übriggebliebenen Kapitalrest errechnet, der Zinsbetrag nimmt also von Jahr zu Jahr ab.

b. Die Tilgung nach der Rentenrechnung.
   Hier betragen die am Jahresende zu zahlenden Tilgungsbeträge
   unter Berücksichtigung von Zinseszinsen

$$T = \frac{q-1}{q^m-1} \cdot K \quad (2b)$$

worin $q = 1 + \frac{p}{100}$ der Zinsfaktor ist. Die jährliche Zinssumme bleibt bei diesem Verfahren konstant, und zwar unveränderlich gleich $\frac{p}{100} \cdot K = (q-1) \cdot K$. Der Ausgleich liegt darin, daß der Tilgungsbetrag nach Formel (2b) kleiner ist, als der nach Formel (2a). Der wesentliche rechnerische Vorteil des Verfahrens liegt darin, daß bei ihm die Summe aus den jährlichen Verzinsungskosten und dem Tilgungsbetrag konstant ist. Sie errechnet sich zu

$$Z+T = S = \left[\frac{q-1}{q^m-1} + (q-1) \right] \cdot K$$

$$= \frac{(q-1) \cdot q^m}{q^m-1} \cdot K \quad (3).$$

Der konstante jährliche Betrag aus Zins und Tilgung beträgt in Prozenten des Anlagekapitals

$$s = 100 \cdot \frac{(q-1) \cdot q^m}{q^m-1} \; (\%) \quad (4).[11]$$

---

[11] Graßmann hat für die gebräuchlichsten heute vorkommenden Zinsfüße und für die Jahreszahlen n von 1 bis 100 die Werte q^n und $100 \cdot \frac{q-1}{q^n-1}$ in einer Tabelle ermittelt. Mit ihrer Hilfe kann die Rechenarbeit bei Wirtschaftlichkeitsuntersuchungen wesentlich erleichtert und beschleunigt werden.

3. Die Abschreibungskosten

Ähnlich wie bei der Amortisation ist auch bei der Abschreibung
zwischen einfacher Abschreibung und solcher nach der Rentenrechnung zu unterscheiden. Das zweite Verfahren hat, wie bei der Tilgung den rechnerischen Vorteil, dass der aus dem Betrieb jährlich
zu entnehmende Betrag konstant bleibt. Als weiterer Vorteil ist
zu verzeichnen, dass die buchmäßige Entwertung der Anlage am An-
fang langsamer erfolgt, als nach dem Verfahren der einfachen Abschreibung, was im allgemeinen mehr der Wirklichkeit entspricht.

Der am Schluß eines Jahres abzuschreibende Betrag errechnet sich
bei n-jähriger Nutzungsdauer der Anlage vom Anlagewert K, und vom
End-, Alt- oder Schrottwert nach n Jahren E bei Abschreibung nach
der Rentenrechnung zu

$$R = \frac{q-1}{q^n-1} \; (K-E) \qquad (5)$$

Das sind in Prozenten des Anlagekapitals

$$r = 100 \, \frac{q-1}{q^n-1} \; \frac{K-E}{K}(\%) \quad (6)$$

Die mittlere Lebensdauer wurde aus derjenigen der Einzelteile ermittelt. Man bildet das gewogene Mittel nach der Formel

$$n_m = \frac{\Sigma n_r \; K_r}{\Sigma \, K_r} \qquad (7),$$

worin n_r die Nutzungsdauer der Einzelteile und K_r die Anlagekosten der Einzelteile sind.

Die der Berechnung zugrunde gelegte jeweilige Lebensdauer der einzelnen Bauteile ist in der Tabelle 68 (Anhang) angegeben.

Die Tabelle 21 (Anhang) enthält für die verschiedenen Bahnarten
die jährlichen Beträge für Verzinsung und Tilgung des Anlagekapitals, und zwar einmal für das gesamte Anlagekapital sämtlicher
fester Anlagen und zum anderen für das Kapital ohne Berücksichtigung des Grunderwerbs und der Betriebsbahnhöfe.

Für den Kapitaldienst wurde ein Zinsfuß von 5.5 % und eine 25-jäh-
rige Laufzeit des Darlehens angenommen, also Verhältnisse, wie
sie bei einer Stabilität des Kapitalmarkts vorliegen. Mit diesen
Zahlen ergibt sich für die Verzinsung des Anlagekapitals und seine Tilgung nach der Rentenrechnung auf 25 Jahre ein jährlich
konstanter Betrag von 7,45493 % . In der Tabelle ist außerdem die
mittlere Lebensdauer der einzelnen Bahnarten und der für diese
Zeitdauer auf die einzelnen Bahnen entfallende jährliche Abschrei-
bungsbetrag angegeben.

5.2. Belastung der Selbstkosten durch den Kapitaldienst

Bei der beabsichtigten Umgestaltung eines Nahverkehrsnetzes wird die Frage nach den neuen Selbstkosten immer Ausgangspunkt für die weiteren Erwägungen bleiben müssen. Durch den Kapitaldienst für die Neuanlagen ergibt sich je nach vorgesehener Bahnart und Raumlage eine Erhöhung der Selbstkosten gegenüber dem bisherigen Zustand. Die Selbstkosten werden ein bestimmtes Maß nicht überschreiten dürfen, wenn einerseits die Benützung des Verkehrsmittels durch hohe Tarife nicht gehemmt werden soll und andererseits die Wirtschaftlichkeit des Verkehrsunternehmens zu gewährleisten ist. Das Ziel der Untersuchung mußte aus diesen Gründen darin bestehen, die zur Lösung einer bestimmten Verkehrsaufgabe mit einem bestimmten Verkehrsaufkommen und einer bestimmten Neubaulänge überhaupt in Frage kommenden Bahnarten und Raumlagen einzugrenzen.

5.2.1. Belastung der Selbstkosten durch den Kapitaldienst

in Abhängigkeit von der Verkehrsmenge

Zur Klärung der Frage,welche Mehrbelastung sich für die Leistungseinheit, d.h. je Fahrt bei der Lösung einer bestimmten Verkehrs - aufgabe durch den Kapitaldienst für die Neuanlage ergibt,sind die jährlichen Aufwendungen für den Kapitaldienst zu den jährlichen Verkehrsmengen in Beziehung zu bringen. Hierzu wird für die wichtigsten Bahnarten und Raumlagen der Bahnen in der Innenstadt die Belastung einer Fahrt durch den Kapitaldienst für die festen Anlagen von einem Kilometer 2-gleisiger Neubaustrecke ermittelt. Als Verkehrsmenge findet dabei einmal nur die Zahl der Fahrten auf der Neubaustrecke, zum anderen die der Fahrten im Gesamtnetz, Berücksichtigung. Damit ergeben sich die in den Bildern 46 und 47 (Anhang) dargestellten zusätzlichen Belastungen gegenüber dem heutigen Zustand. Der Kurvenverlauf zeigt die Abhängigkeit von der Verkehrsmenge, aber auch die Bedeutung von Verkehrssteigerungen. In den Diagrammen sind die Straßen- bzw. Schnellstraßenbahnen, die U-Bahnen und S-Bahnen einander mit jeweils den gleichen Raumlagen gegenübergestellt. Gegenüber dem Kapitaldienst der Straßenbahn im Straßenraum ergeben sich bei den anderen Bahnarten und Raumlagen die 4-13-fachen Belastungen. Es läßt sich nun errechnen, wie hoch der Tarif sein müßte, um die Gestehungskosten einer neuen Bahn im einzelnen Fall zu decken. Hierzu muß nur der einem bestimmten Verkehrsaufkommen entsprechende Betrag für den Kapitaldienst mit der Neubaulänge multipliziert und zu dem bisherigen Tarif addiert werden.

5.2.2. Belastung der Selbstkosten durch den Kapitaldienst in

Abhängigkeit von der Verkehrsmenge und der Neubaulänge

Zur Bestimmung der Neubaulänge, die bei einer bestimmten verkehrs-
wirtschaftlich noch als tragbar anzusehenden Belastung der Selbstkosten oder auch der Tarife durch den Kapitaldienst für die Neubaustrecke noch möglich ist, wurde die bildliche Darstellung Bild 48
(Anhang) aufgestellt. In ihr ist für ein Verkehrsaufkommen von
150 - 200 Mio Reisenden im Jahr, das im allgemeinen dem Aufkommen
in den Städten von 0,5 bis 1,0 Mio Einwohnern entspricht, die Mehrbelastung einer Fahrt im Gesamtnetz in Abhängigkeit von der Neubaulänge angegeben. In der Darstellung unterscheiden sich die einzelnen Bahnarten und Ausführungsformen bei gleichbleibenden Kostenver-
hältnissen untereinander noch ausgeprägter in ihren oberen und unteren Kostenabgrenzungen. Es ist deutlich zu ersehen, in welchem
Umfang bei Bahnen in der zweiten Ebene die wirtschaftliche Länge
einer Neubaustrecke von dem Verkehrsaufkommen abhängt, für das wiederum die Größe und Struktur einer Stadt maßgebend ist.

Wird beispielsweise beim Kapitaldienst eine zusätzliche Belastung
von 2 Dpf je Fahrt als noch tragbar angesehen, dann liegt für Städte mit einem Verkehrsaufkommen von 160 Mio beförderten Personen im
Jahr die mögliche Neubaustreckenlänge für eine im Grundwasser lie-
gende Unterpflasterstraßenbahn bei 3,3 km, während die Länge für
die U-Bahn 2,3 km und die der S-Bahn nur 1,7 km beträgt. Hierbei
sind, wie bereits zu Beginn der Abhandlung ausgeführt wurde, für
die zukünftige Selbstkostenhöhe die Steigerung der Einnahmen durch
die Verbesserung der Verkehrsbedienung und die Verminderung der
Betriebsausgaben durch die Erhöhung der Reisegeschwindigkeit zu
berücksichtigen. Als entsprechende Zahlen ergeben sich für eine
Pfeilerhochbahn 5,8 km, 4,5 km und 4,3 km. Eine Ausdehnung dieser
Streckenlängen wäre nur dann möglich, wenn höhere gemeinwirtschaft-
liche Interessen weitere Kostenträger veranlassen könnten, die Rohbaukosten des Bahnkörpers zum Teil oder in voller Höhe zu übernehmen.

6. Ergebnis und Folgerungen

Als wesentliche Ergebnisse der Untersuchung sind zu vermerken:

1. Die Bahnen, die für eine vertikale Auflockerung in der Innenstadt praktisch in Frage kommen, erfordern bei allem Vorteil
   für den Gesamtverkehr durchweg erhebliche, bei den Unterpflasterbahnen sogar außerordentlich hohe Aufwendungen.

2. Ein Nahverkehrsnetz muß ein verhältnismäßig großes Verkehrsaufkommen haben, wenn man der Frage der Verlegung des schienengebundenen Verkehrsmittels in die zweite Ebene näher treten
   will.

3. Selbst bei einem hohen spezifischen Verkehrsaufkommen wird in den mittleren Großstädten unter Zugrundelegung der heutigen objektiven Selbstkosten bestenfalls eine Unterpflasterdurchmesserlinie von beschränkter Länge möglich sein, in keinem Fall jedoch eine Unterpflasternetzbildung. Bei der Hochbahn dürfte die Länge für ein Linienkreuz gerade noch ausreichen, wobei aber zu bemerken ist, daß eine Hochbahn trotz ihrer Behaglichkeit für die Reisenden, aus städtebaulichen Gründen nur selten ausgeführt werden kann.

4. Wenn das schienengebundene Verkehrsmittel wegen der starken Zunahme des motorisisrten Verkehrs in weiten Bereichen der Innenstadt dem Kraftfahrzeug weichen, also zur Erzielung der vielerorts notwendigen vertikalen Auflockerung des innerstädtischen Verkehrs in die zweite Ebene gelegt werden muß – wobei diese Maßnahme bei der günstigen Flächennutzung der schienengebundenen Verkehrsmittel immer noch die bei weitem billigste Lösung darstellt – dann ist ein Schnellbahn – netz nichts anderes als ein durch die Entwicklung des indi – viduellen Oberflächenverkehrs notwendig gewordenes zweites Straßennetz. Das Verlegen der Schiene ergibt aber für die Verkehrsunternehmen so hohe Kapitaldienstkosten, daß diese bei den aus verkehrlichen Gründen beizubehaltenden niedrigen Tarifen keinesfalls aus den Betriebseinnahmen erwirt – schaftet werden können. Da nun der Individualverkehr zu einem erheblichen Teil den Vorteil der mit großem Aufwand erreichten Auflockerung ernten würde und darüber hinaus diese Lösung den berechtigten Bedürfnissen zur Befriedigung des innerstädtischen Verkehrs und auch den zu wahrenden volkswirtschaftlichen Interessen auf lange Sicht gerecht würde, hat bei einer solchen Umgestaltung der Nahverkehrsbahnen die Forderung nach einer Teilung der Anlagekosten ihre volle Berechtigung. Es kann nämlich nicht Aufgabe der öffentlichen Verkehrsunternehmen sein, fremde Leistungen, die sich aus der Struktur des Verkehrsmittels allein nicht ergeben, zu übernehmen. Wie die Anlage von Strassenverbreiterungen und Entlastungsstraßen zu den Pflichten der öffentlichen Hand gehört, so kann von ihr in gleicher Weise eine Kostenbeteiligung in Höhe der Baukosten für den Fahrweg, d.h. der Rohbaukosten für die Tunnel- oder Hochbahn, gefordert werden.

Die vorliegende Untersuchung über die vergleichbaren Anlagekosten von 56 nach Betriebsart und Bauform verschiedenen Typen von Nahverkehrsbahnen und 28 verschiedenen Ausführungsarten von Haltestellen und Bahnhöfen ist für die Praxis des Verkehrsplaners bestimmt. Die Ergebnisse sollen dazu beitragen, schon vor der Aufstellung von Einzelentwürfen für die Umgestaltung von Nahverkehrsnetzen eine Reihe von Fragen nach den Anlagekosten und der zukünftigen Mehrbelastung der Leistungseinheit zu klären, mit dem Ziel, die unter wirtschaftlichen Gesichtspunkten noch möglichen Bahnarten und Netzlängen einzugrenzen.

Anhang

1. Ergebnisse

<u>Besondere Berechnungsgrundlagen:</u>

(zu Tabelle 18, 19, 20)

1. Bei Titel I sind als Grunder-
   werbspreise in der Innenstadt
   200.- DM/m^2, in der Vorstadt
   80.- DM/m^2, im Aussenbezirk
   7.- DM/m^2 angesetzt.

2. Bei Titel XII ist als Satz für
   die Unterhaltung bis zur Betriebseröffnung angerechnet:
   Für Straßenbahn innerhalb des
   Straßenraums (Spalten 2 bis 4)   0 %
   für Straßenbahn ausserhalb des
   Straßenraums und für alle Bahnen im Gelände und in Tief-oder
   Hochlage mit Böschungen (Spalten 5,6,18,19,35,38,39,55)   0,5%
   für alle anderen Ausführungsarten   0,8%

3. Bei Titel XIII sind die Bauzinsen berechnet:
   Für Straßenbahn ohne besonderen
   Bahnkörper (Spalte 2 und 3) mit   0 %
   für alle Bahnen mit besonderem
   Bahnkörper, im Gelände und in
   Tief-oder Hochlage mit Böschungen (Spalten 4 bis 6, 18,19,35,
   38,39,55) mit   2 %
   für alle Bahnen zwischen Stützmauern und als Pfeilerbahn Spalten 7,8,17,20,21,36,37,40,41,56,
   57) mit   4 %
   für alle Ausführungen als Tun-
   nel-Tiefbahn mit   6 %

Additional material from *Nahverkehrsbahnen der Grosstädte*
ISBN 978-3-642-52774-6 (978-3-642-52774-6_OSFO1),
is available at http://extras.springer.com

Additional material from Antituberculosis Distribution Aid
ISBN 978-3-642-52774-5 (978-3-642-52774-...OCPO1)
is available at http://extras.springer.com

Die folgende Tabelle gibt die Kopfgliederung des Diagramms (Bild 43) mit den zugehörigen Spaltennummern wieder. Links stehen die beiden Kennziffernzeilen „Spalte der Tabellen 18,19,20" und „Bild".

Gliederung	Spalte der Tabellen 18,19,20	Bild
Geländebahn · innerhalb des Straßenraums · ohne besonderen Bahnkörper · Wagenbreite 2,20 m	2 — —	2 — —
Geländebahn · innerhalb des Straßenraums · ohne besonderen Bahnkörper · Wagenbreite 2,50 m	2' — —	3 — —
Geländebahn · innerhalb des Straßenraums · mit eigenem Bahnkörper · Wagenbreite 2,50 m	3 — —	4 — —
Geländebahn · außerhalb des Straßenraums · mit eigenem Bahnkörper · Wagenbreite 2,50 m	4, 11, 25	5, 18, 38
Tiefbahn · offene Tiefbahn · mit Böschungen	5, 12, 26	6, 19, 39
Tiefbahn · offene Tiefbahn · zwischen Stützmauern	6, 13, 27	7, 20, 40
Tiefbahn · Tunneltiefbahn · Unterpflasterbahn · Ausführung des Tunnels · Scheintunnel (Überdeckung 1,50 m) · Rammträger mit Fahrbahnabdeckung (ohne Grundwasser)	8a, 15a, 29a	9, 22, 42
Tiefbahn · Tunneltiefbahn · Unterpflasterbahn · Scheintunnel (Überdeckung 1,50 m) · offene Baugrube mit Rammträgern (ohne Grundwasser)	8b, 15b, 29b	11, 24, 44
Tiefbahn · Tunneltiefbahn · Unterpflasterbahn · Scheintunnel (Überdeckung 1,50 m) · offene Baugrube mit Böschungen (ohne Grundwasser)	8c, 15c, 29c	13, 26, 46
Tiefbahn · Tunneltiefbahn · Unterpflasterbahn · Scheintunnel (Überdeckung 1,50 m) · offene Baugrube mit Böschungen mit Abschachtung (ohne Grundwasser)	8d, 15d, 29d	15, 28, 48
Tiefbahn · Tunneltiefbahn · Untergrundbahn Tunnelbahn · Tunnel (Überdeckung >5 m) · Bergmännische Bauweise · Gebirgsstruktur mild/gebräch · mittlerer Wasserandrang	— 19, 33	— 32, 52
Tiefbahn · Tunneltiefbahn · Untergrundbahn Tunnelbahn · Tunnel (Überdeckung >5 m) · Bergmännische Bauweise · Gebirgsstruktur hart · klein Wasserandrang	— 20, 34	— 33, 53
Hochbahn · Erdaufschüttung (Dammbahn)	— 22, 36	— 35, 55
Hochbahn · Stützmauern	— 23, 37	— 36, 56
Hochbahn · Betonstützen (Pfeilerbahn)	10, 24, 38	17, 37, 57

Bild 43.   Anlagekosten in DM je m 2-gleisige Strecke (Preise 1953)

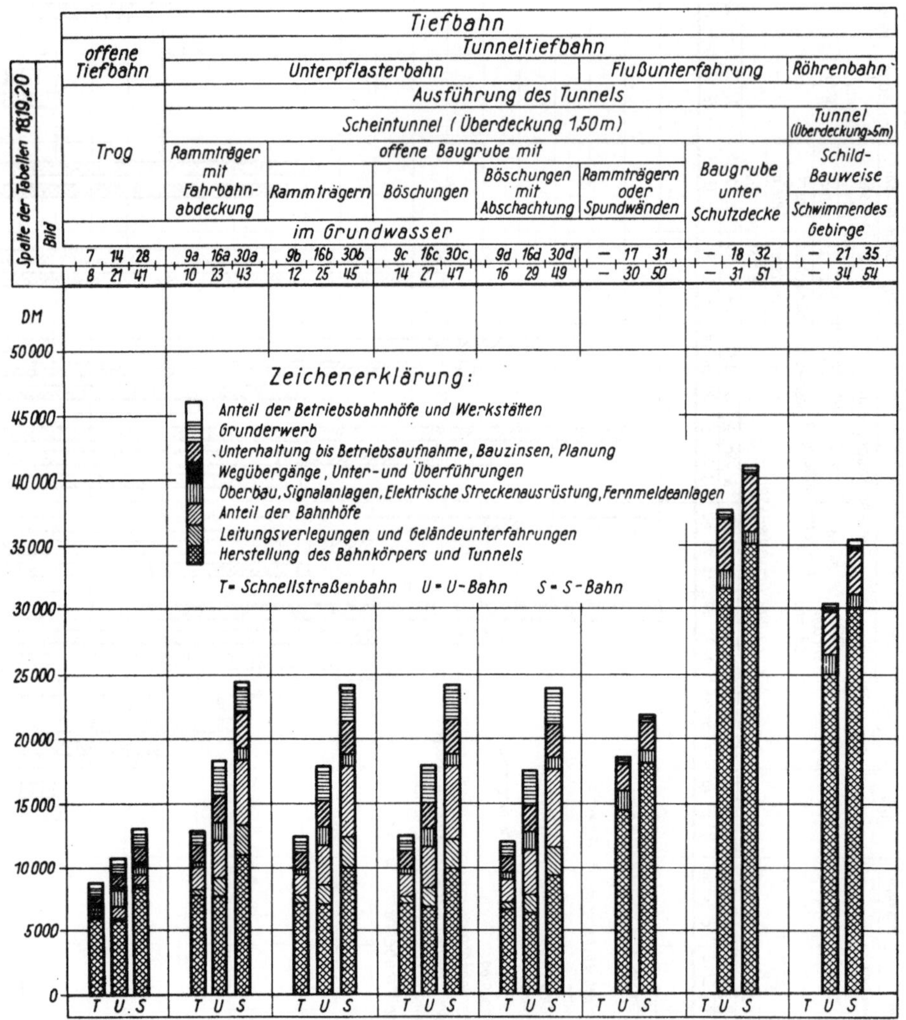

Bild 44.   Anlagekosten in DM je m 2-gleisige Strecke (Preise 1953)

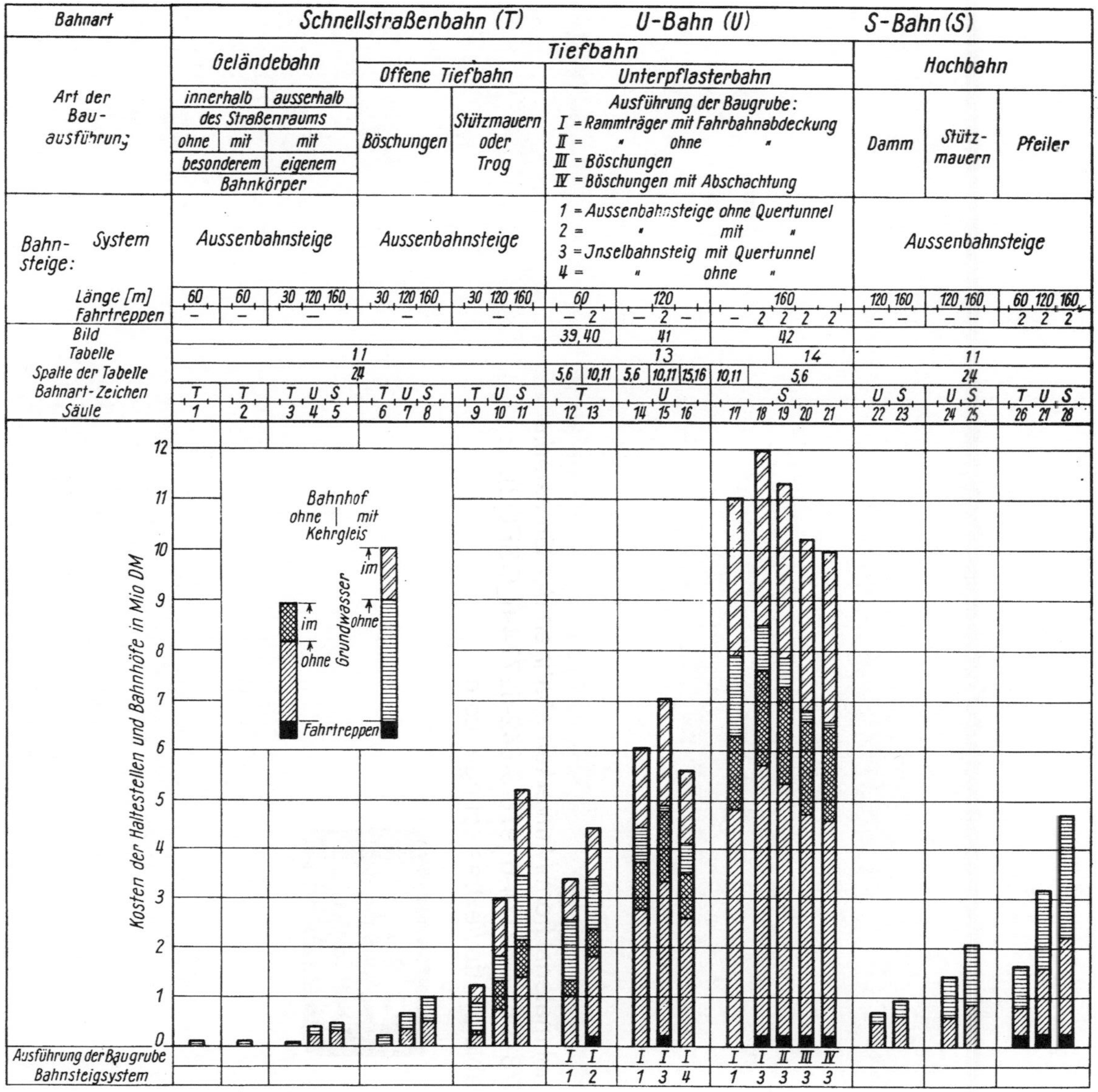

Bahnart	Schnellstraßenbahn (T)			U-Bahn (U)			S-Bahn (S)	
	Geländebahn	**Offene Tiefbahn**	**Tiefbahn — Unterpflasterbahn**				**Hochbahn**	
Art der Bauausführung	innerhalb / ausserhalb des Straßenraums; ohne / mit / mit besonderem / eigenem Bahnkörper	Böschungen | Stützmauern oder Trog	Ausführung der Baugrube: I = Rammträger mit Fahrbahnabdeckung; II = „ ohne „; III = Böschungen; IV = Böschungen mit Abschachtung				Damm | Stützmauern | Pfeiler	
Bahnsteige: System	Aussenbahnsteige	Aussenbahnsteige	1 = Aussenbahnsteige ohne Quertunnel; 2 = „ mit „; 3 = Inselbahnsteig mit Quertunnel; 4 = „ ohne „				Aussenbahnsteige	

Spaltenweise (Säule 1–28):

Säule	1	2	3	4	5	6	7	8	9	10	11	12	13	14
Bahnart-Zeichen	T	T	T	U	S	T	U	S	T	U	S	T	T	U
Länge [m]	60	60	30	120	160	30	120	160	30	120	160	60		120
Fahrtreppen	–	–	–	–	–	–	–	–	–	–	–	–	2	–
Bild												39, 40	39, 40	41
Tabelle	11	11	11	11	11	11	11	11	11	11	11	13	13	13
Spalte der Tabelle	24	24	24	24	24	24	24	24	24	24	24	5,6	10,11	5,6

Säule	15	16	17	18	19	20	21	22	23	24	25	26	27	28
Bahnart-Zeichen	U	U	S	S	S	S	S	U	S	U	S	T	U	S
Länge [m]			160					120	160	120	160	60	120	160
Fahrtreppen	2	–	–	2	2	2	2	–	–	–	–	2	2	2
Bild	41	41	42	42	42	42	42							
Tabelle	13	13	14	14	14	14	14	11	11	11	11	11	11	11
Spalte der Tabelle	10,11	15,16	10,11	5,6	5,6	5,6	5,6	24	24	24	24	24	24	24

Bild 45.   Kosten der Haltestellen und Bahnhöfe

Additional material from *Nahverkehrsbahnen der Grosstädte*
ISBN 978-3-642-52774-6 (978-3-642-52774-6_OSFO2),
is available at http://extras.springer.com

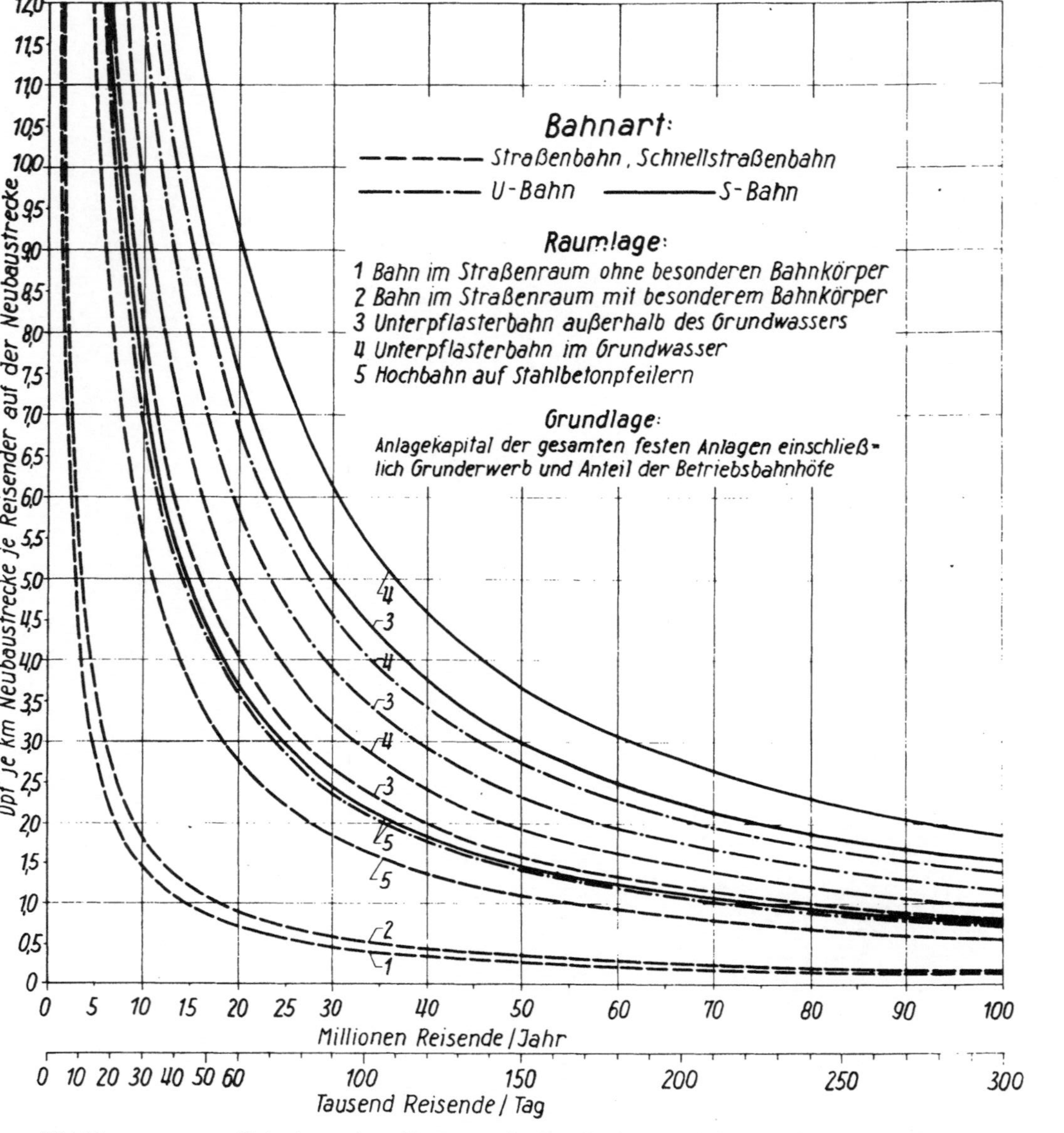

Bild 46 Belastung einer Fahrt durch den Kapitaldienst für die festen Anlagen von 1 km 2-gleisiger Neubaustrecke in Abhängigkeit von der Verkehrsmenge auf der Neubaustrecke (Baupreise 1953, Zinsfuß p=5,5%, Tilgungszeit m=25 Jahre)

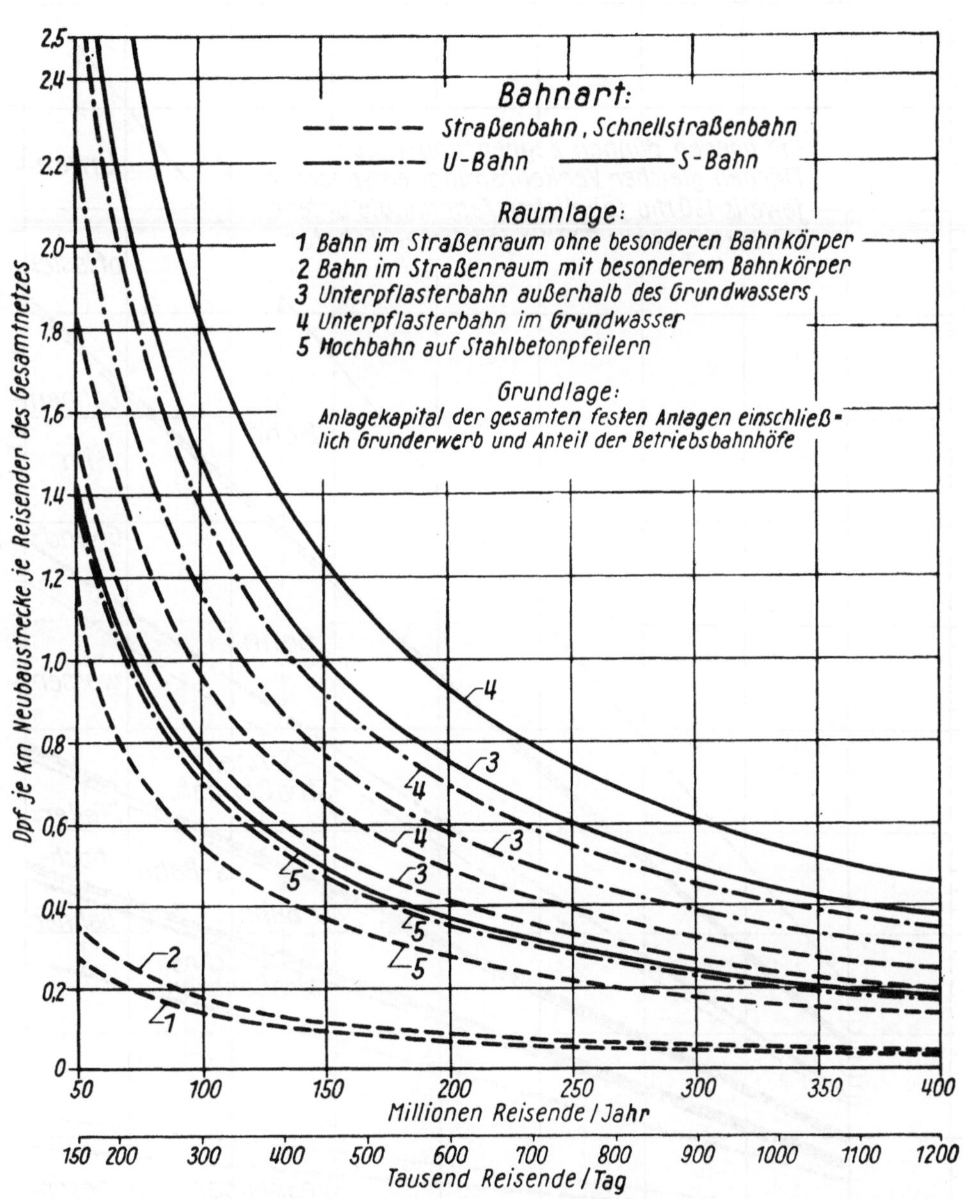

Bild 47. Belastung einer Fahrt durch den Kapitaldienst für die festen Anlagen von 1 km 2-gleisiger Neubaustrecke in Abhängigkeit von der Verkehrsmenge des Gesamtnetzes (Baupreise 1953, Zinsfuß $p = 5,5\%$, Tilgungszeit $m = 25$ Jahre)

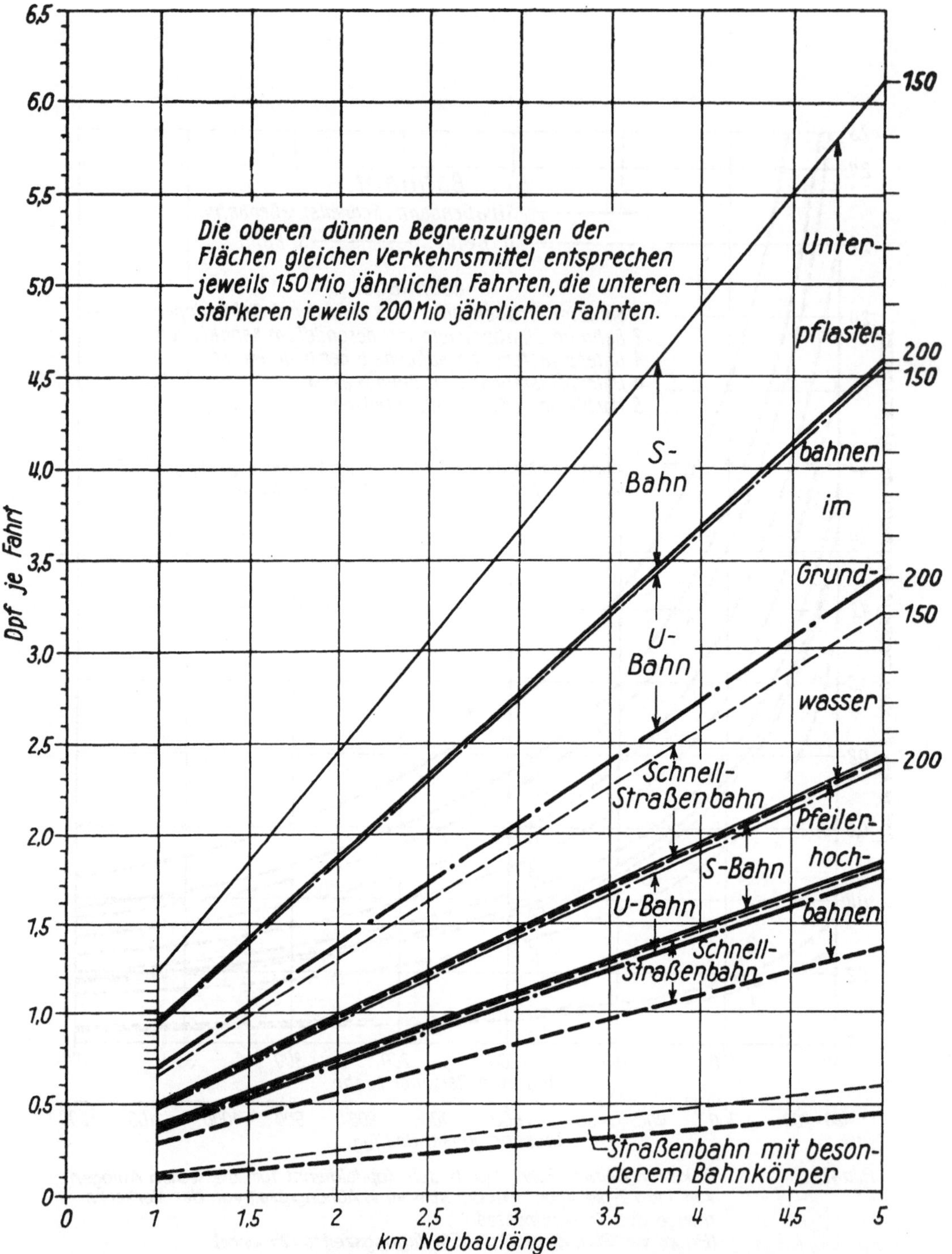

Bild 48.

Belastung einer Fahrt durch den Kapitaldienst für die festen Anlagen einer 2-gleisigen Neubaustrecke in Abhängigkeit von der Neubaulänge und Verkehrsmenge (Baupreise 1953, Zinsfuß p=5,5%, Tilgungszeit m=25 Jahre).

Anhang

2. Bilder

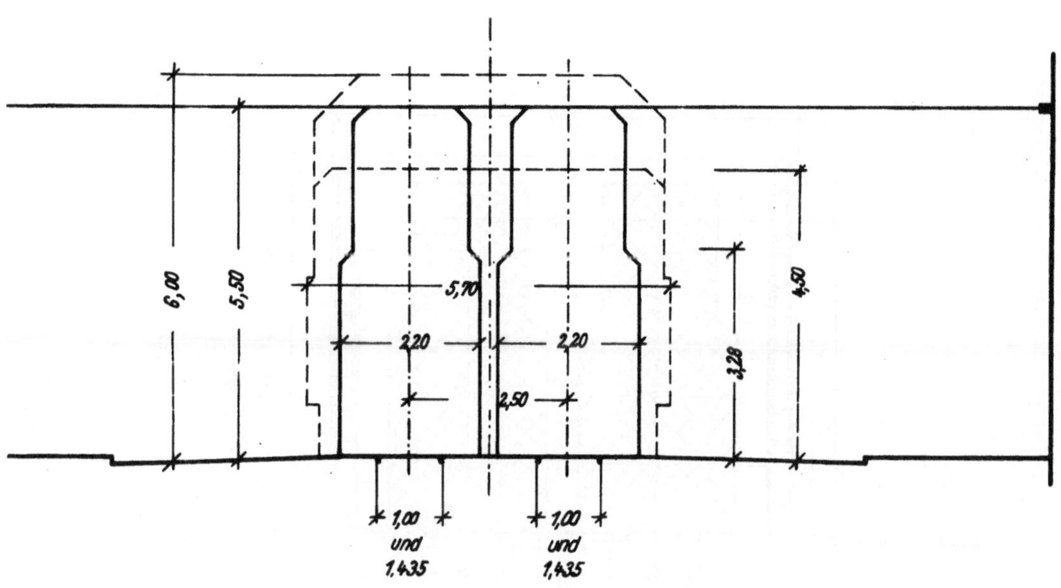

Bild 2. Strassenbahn im Strassenraum ohne besonderen Bahnkörper
(Wagenbreite 2.20 m)

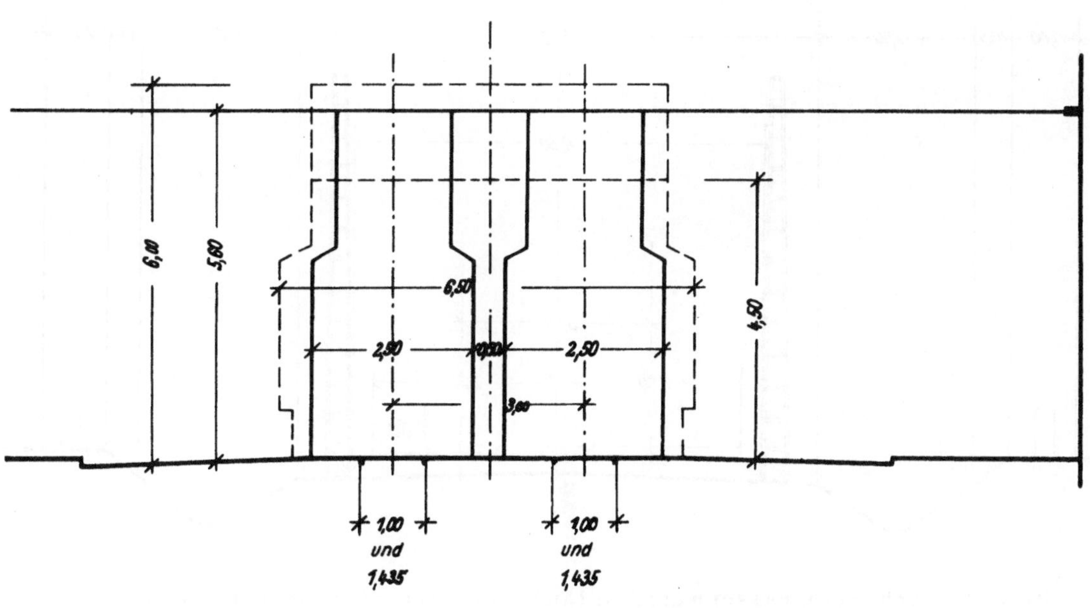

Bild 2'. Strassenbahn im Strassenraum ohne besonderen Bahnkörper
(Wagenbreite 2.50 m)

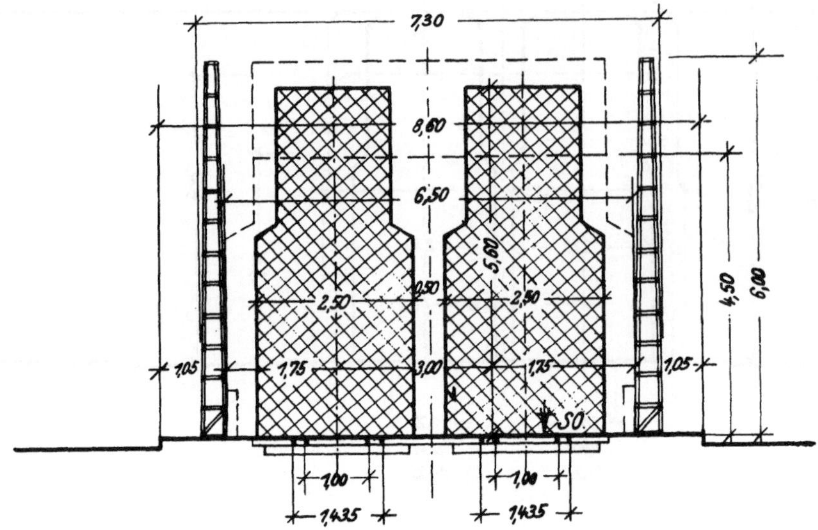

Bild 3.   Schnellstrassenbahn im Strassenraum mit besonderem Bahnkörper

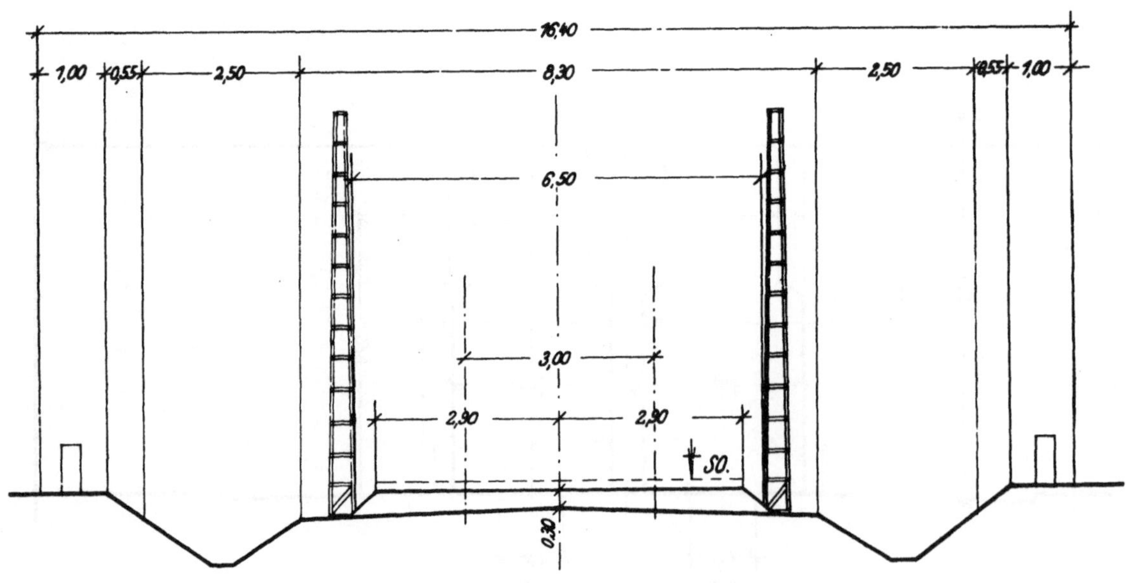

Bild 4.   Schnellstrassenbahn, Geländebahn mit eigenem Bahnkörper

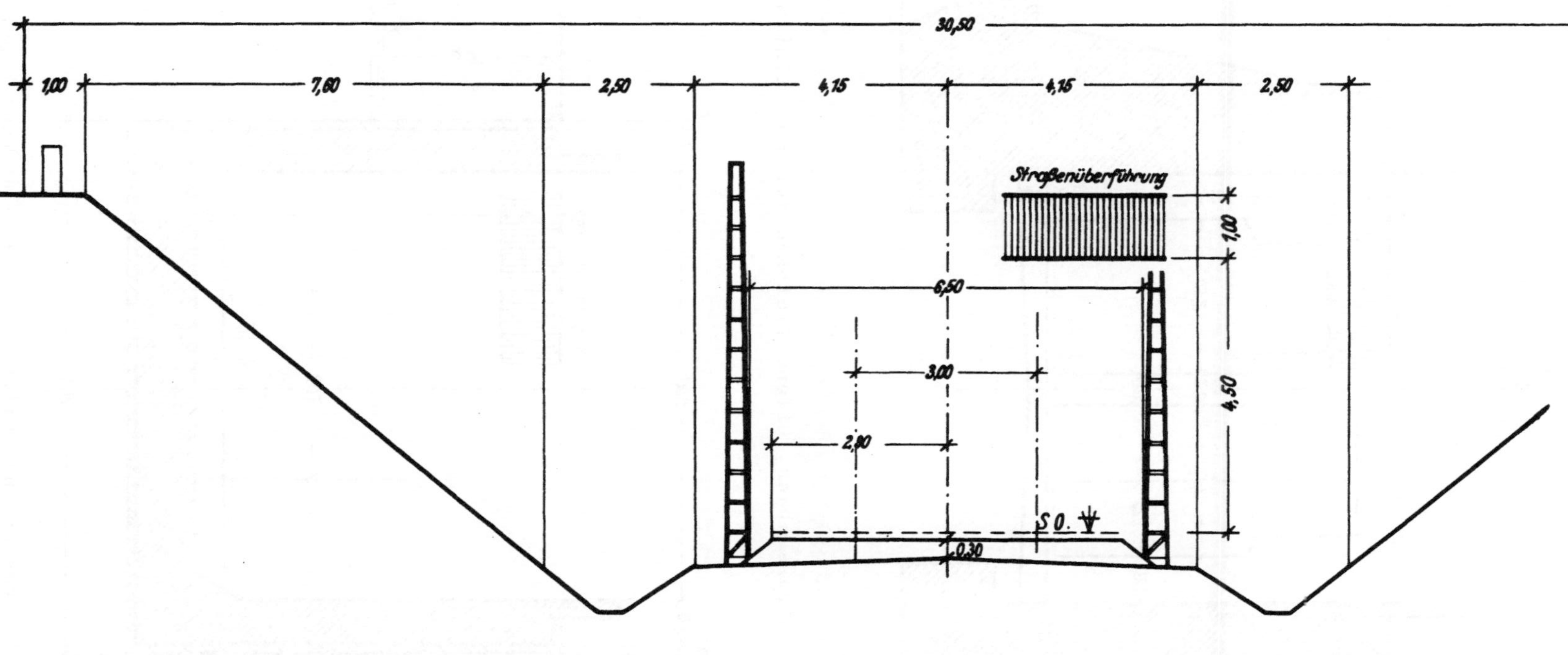

Bild 5. Schnellstrassenbahn, Offene Tiefbahn im Einschnitt

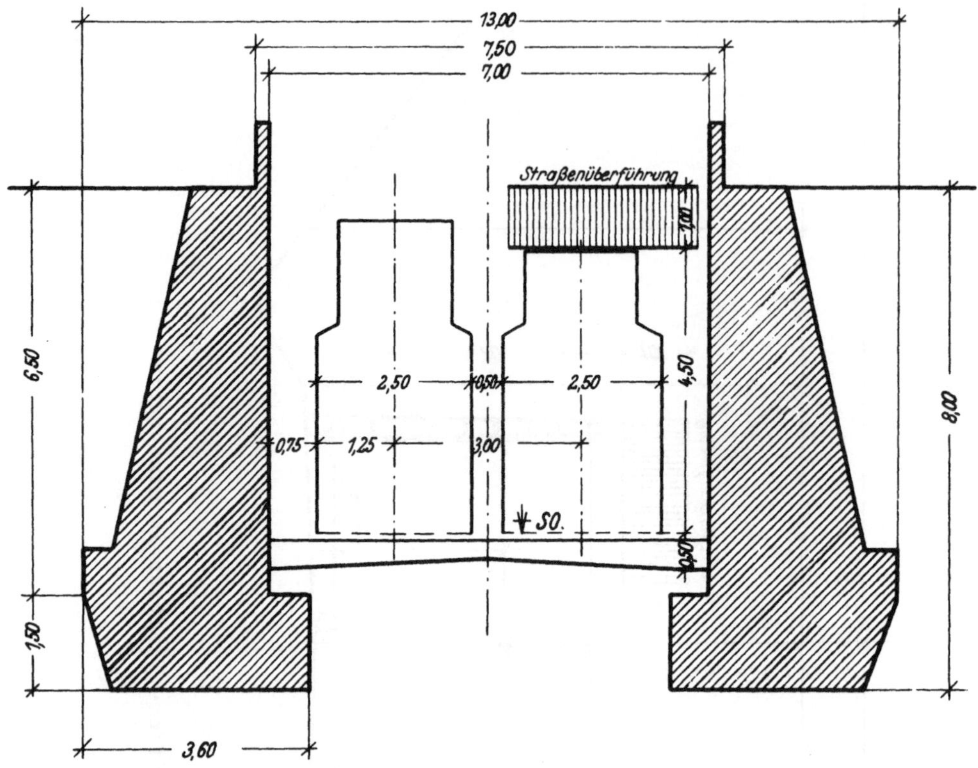

Bild 6.   Schnellstrassenbahn, Offene Tiefbahn zwischen Stützmauern

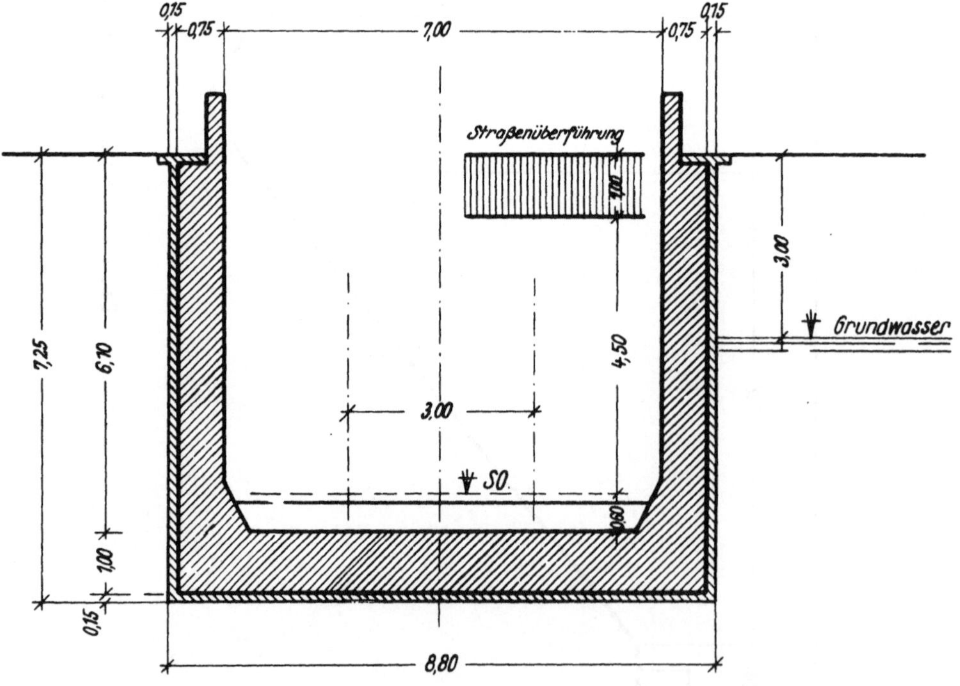

Bild 7.   Schnellstrassenbahn, Offene Tiefbahn im Grundwasser (Trog)

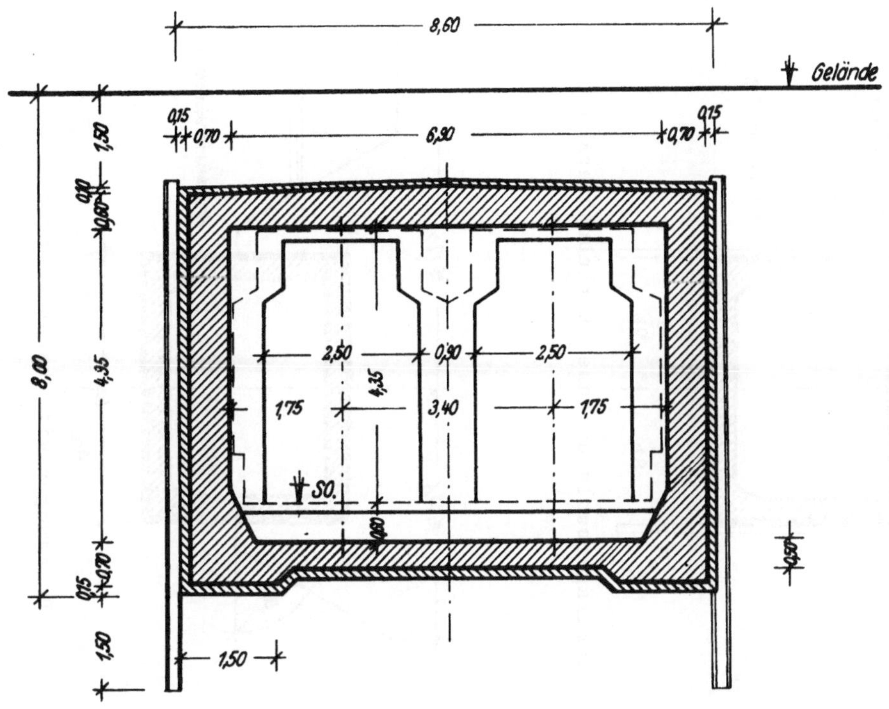

Bild 8. Schnellstrassenbahn, Unterpflasterbahn
ausserhalb des Grundwassers

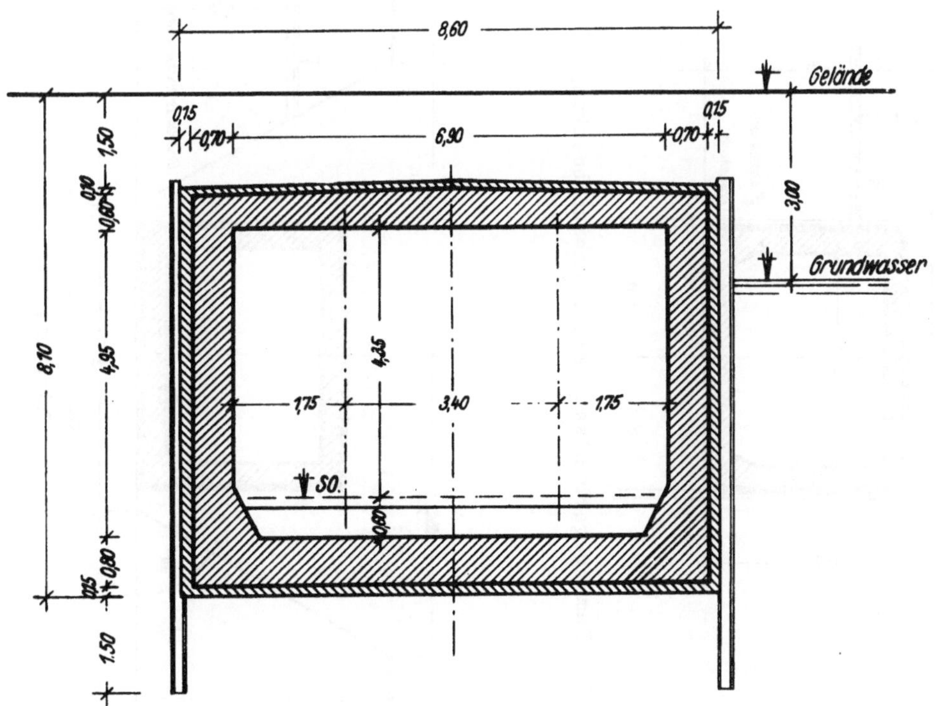

Bild 9. Schnellstrassenbahn, Unterpflasterbahn im Grundwasser

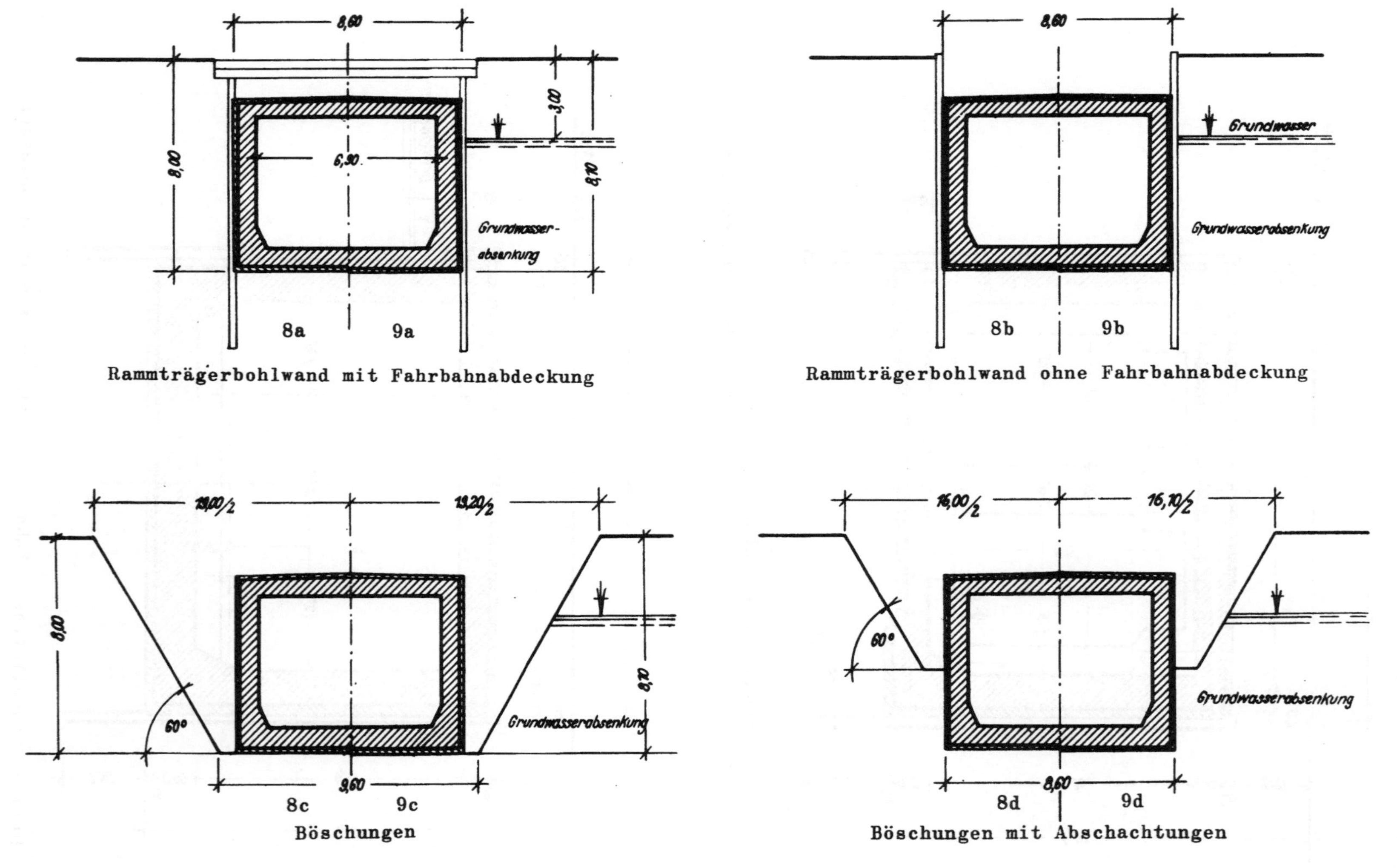

Bild 8a – 8d. Schnellstrassenbahn, Unterpflastertunnel ohne und im Grundwasser,
Bild 9a – 9d. Baugrubenform bei verschiedenen Baumethoden

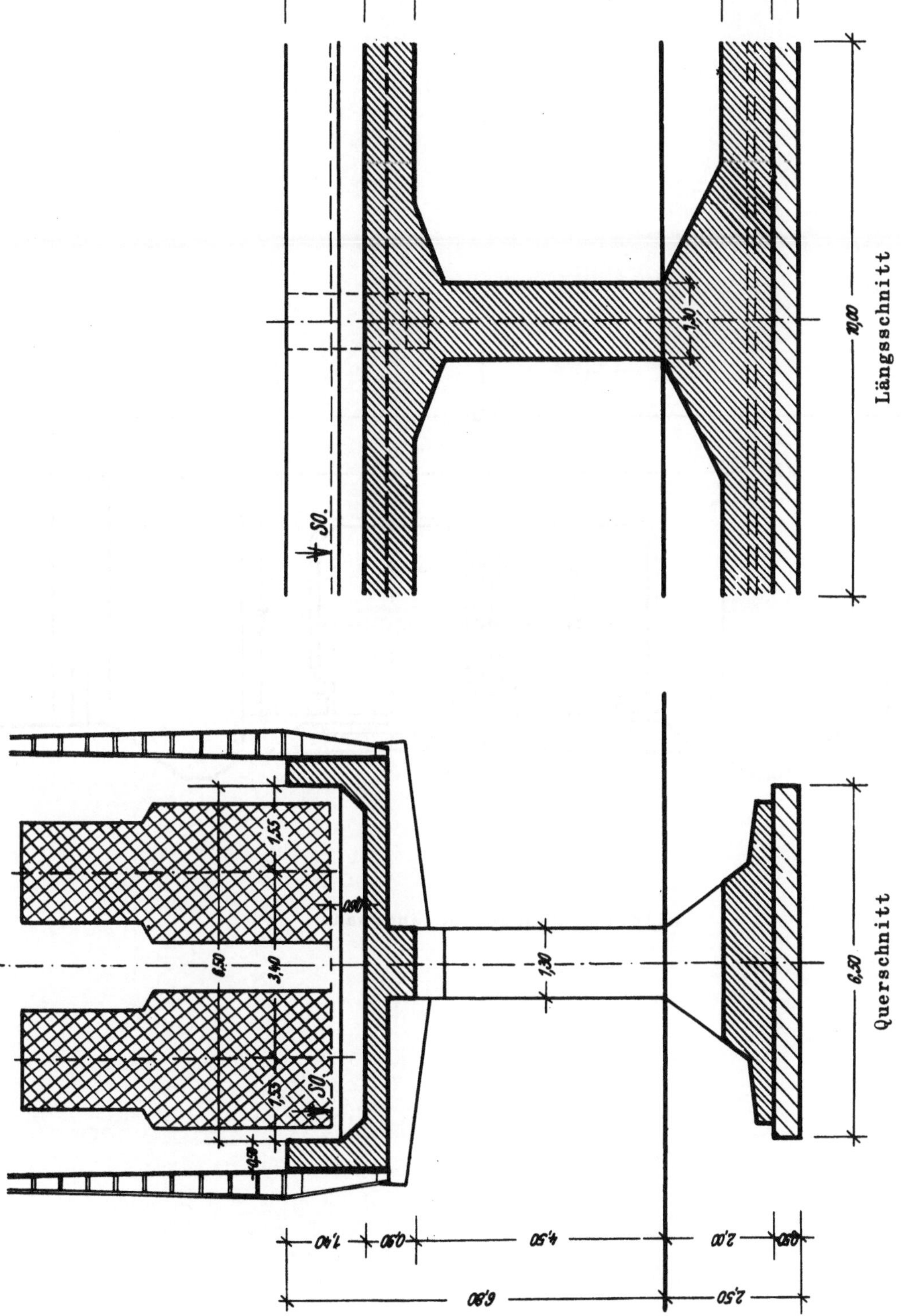

Bild 10. Schnellstraßenbahn, Hochbahn auf Pfeilern

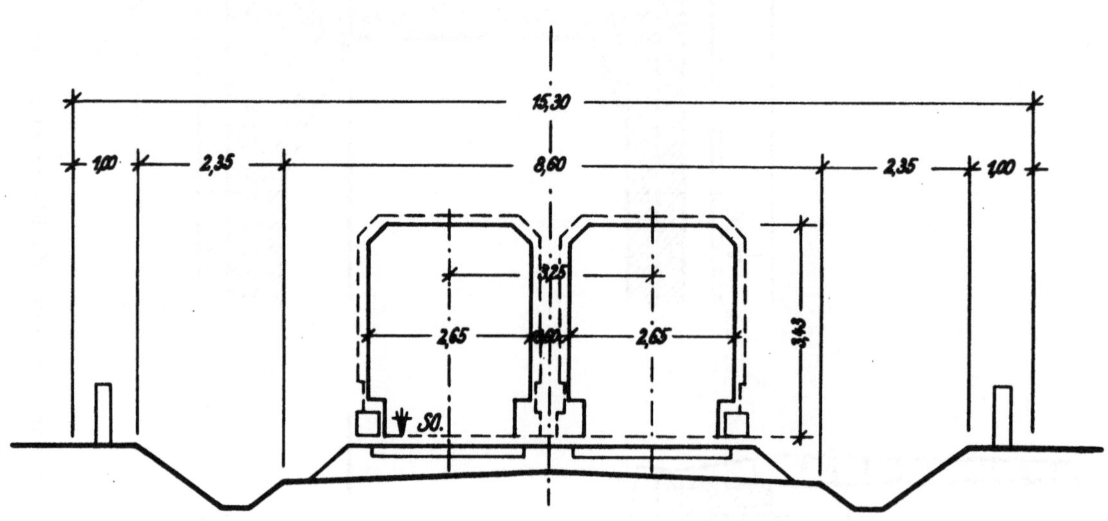

Bild 11. U-Bahn, Geländebahn

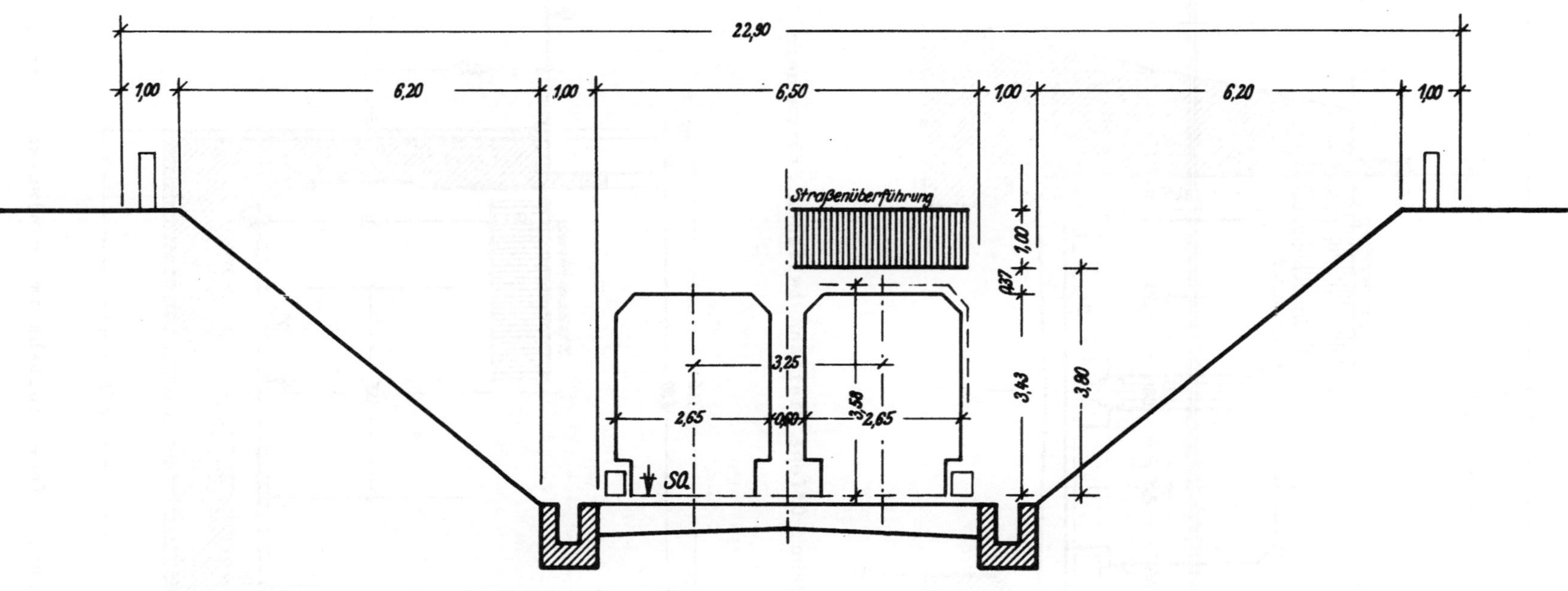

Bild 12. U-Bahn, Offene Tiefbahn im Einschnitt

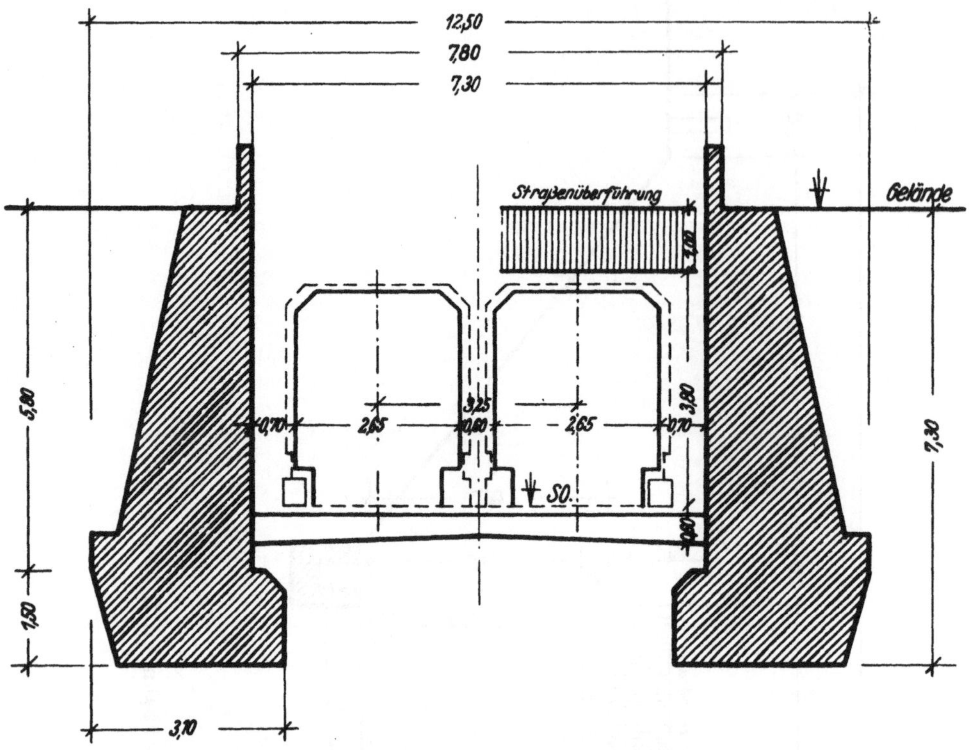

Bild 13. U-Bahn, Offene Tiefbahn zwischen Stützmauern

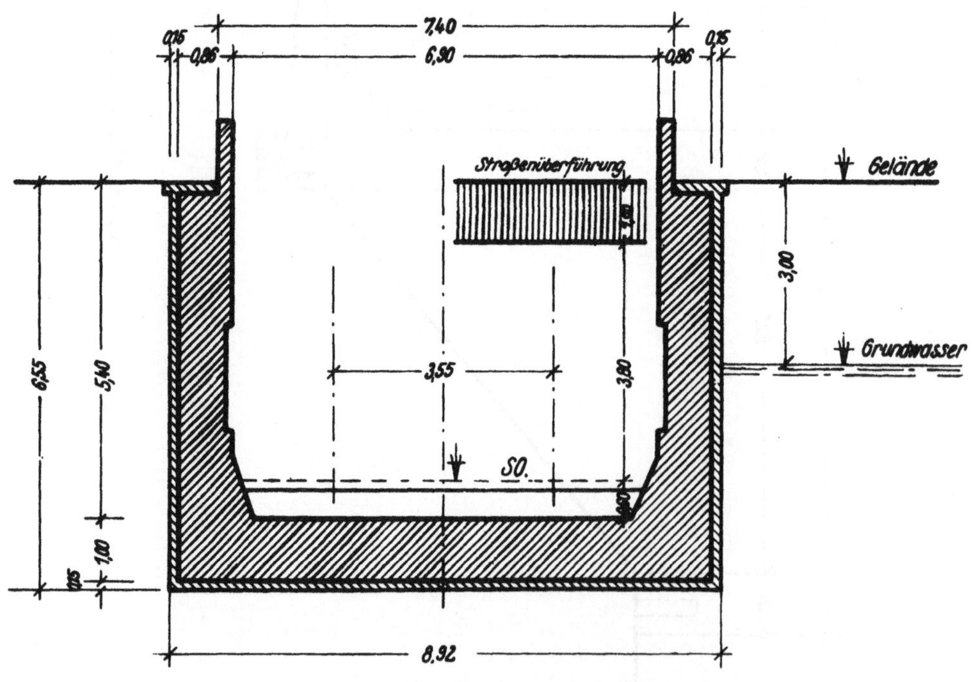

Bild 14. U-Bahn, Offene Tiefbahn im Grundwasser (Trog)

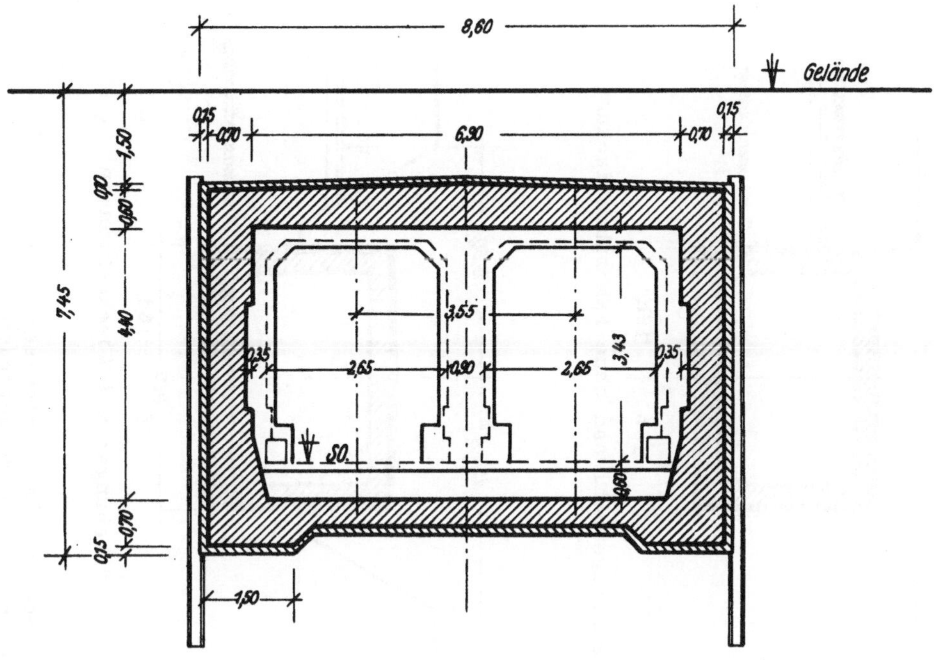

Bild 15. U-Bahn, Unterpflasterbahn außerhalb des Grundwassers

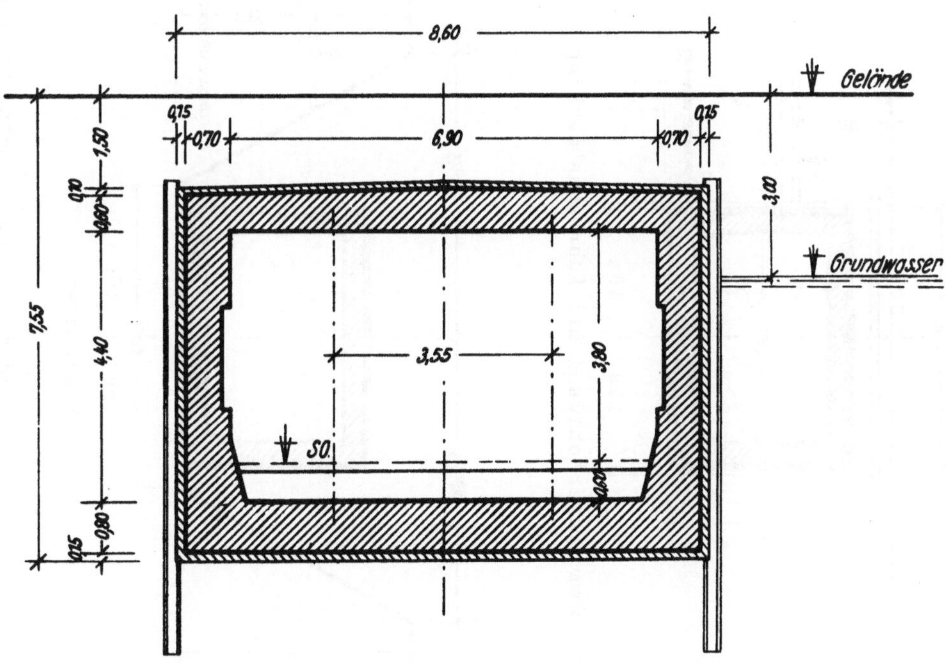

Bild 16. U-Bahn, Unterpflasterbahn im Grundwasser

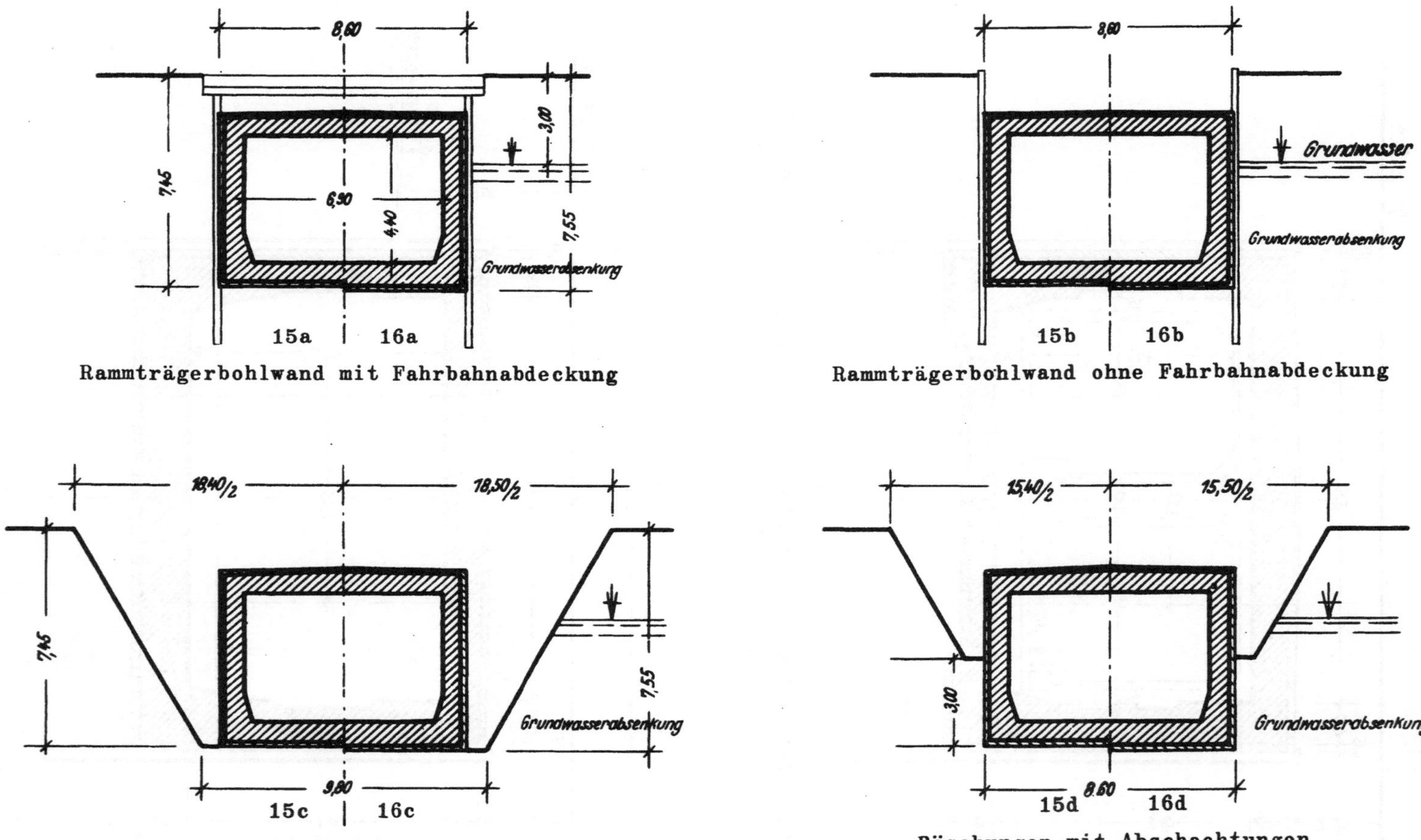

Bild 15a – 15d. U-Bahn, Unterpflastertunnel ohne und im Grundwasser,
Bild 16a – 16d. Baugrubenform bei verschiedenen Baumethoden

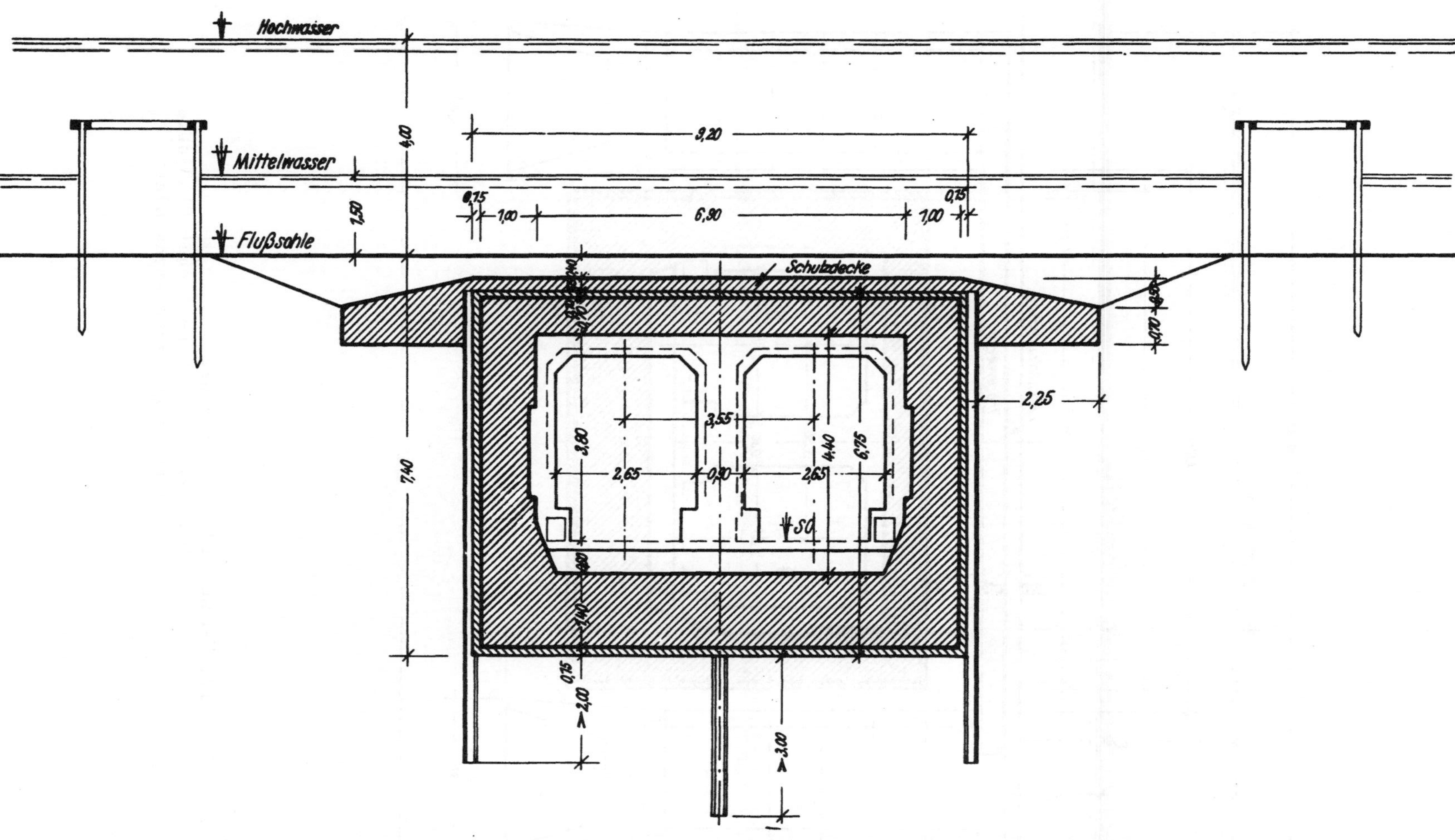

Bild 17. U-Bahn, Flussunterfahrung, Offene Baugrube mit Rammträgerbohlwänden zwischen Fangedämmen

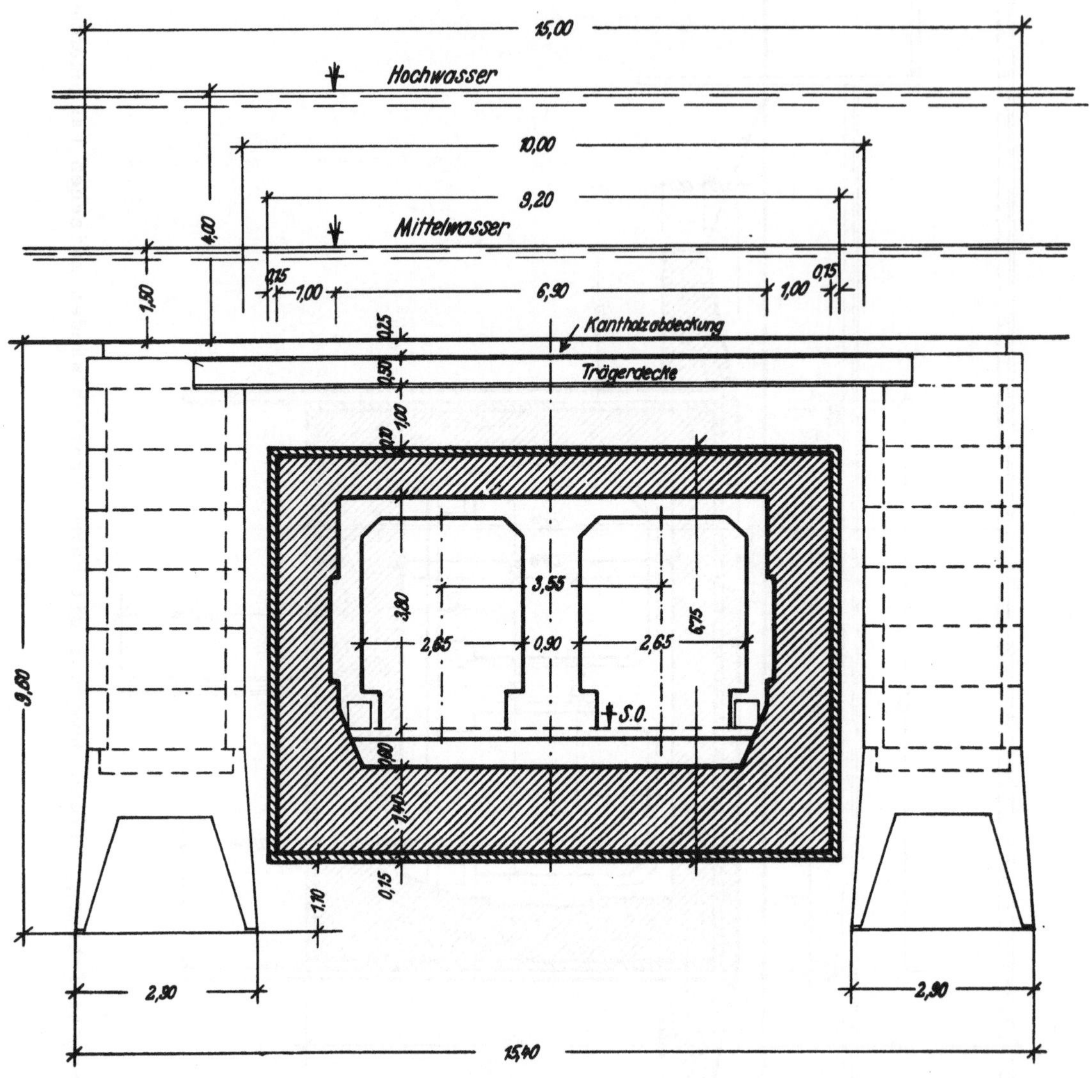

Bild 18. U-Bahn, Flußunterfahrung
Baugrube unter künstlicher Flußsohle
mit seitlichen Senkkastenwänden

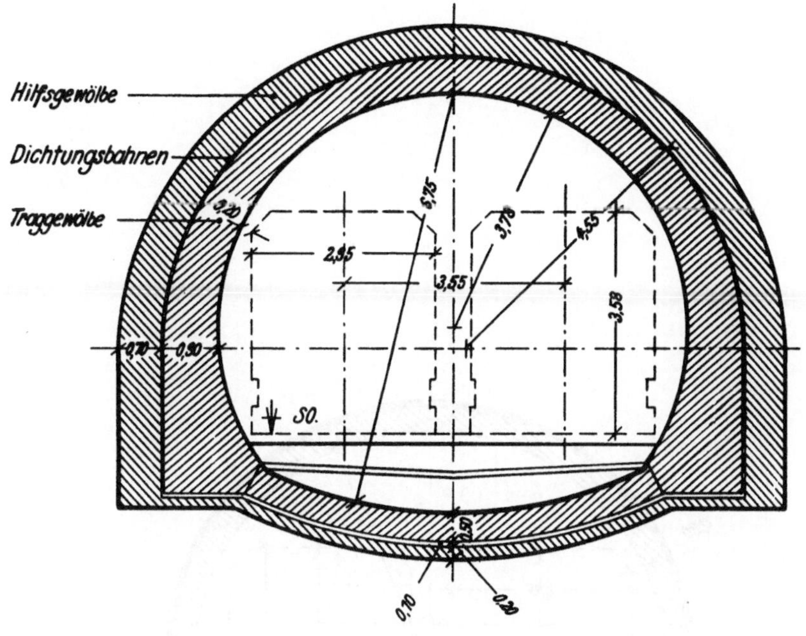

Bild 19. U–Bahn, Tunnel in mildem – gebrächem Gebirge

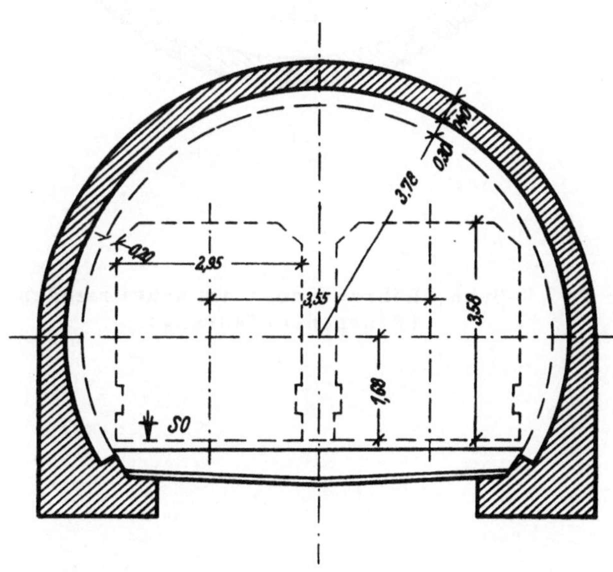

Bild 20. U–Bahn, Tunnel in hartem Gebirge

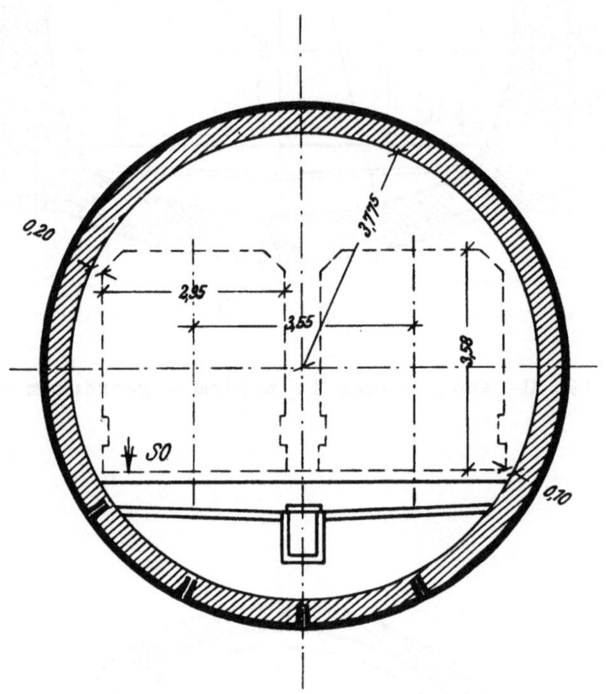

Bild 21. U-Bahn, Röhrentunnel im schwimmenden Gebirge
(Flussunterfahrung)

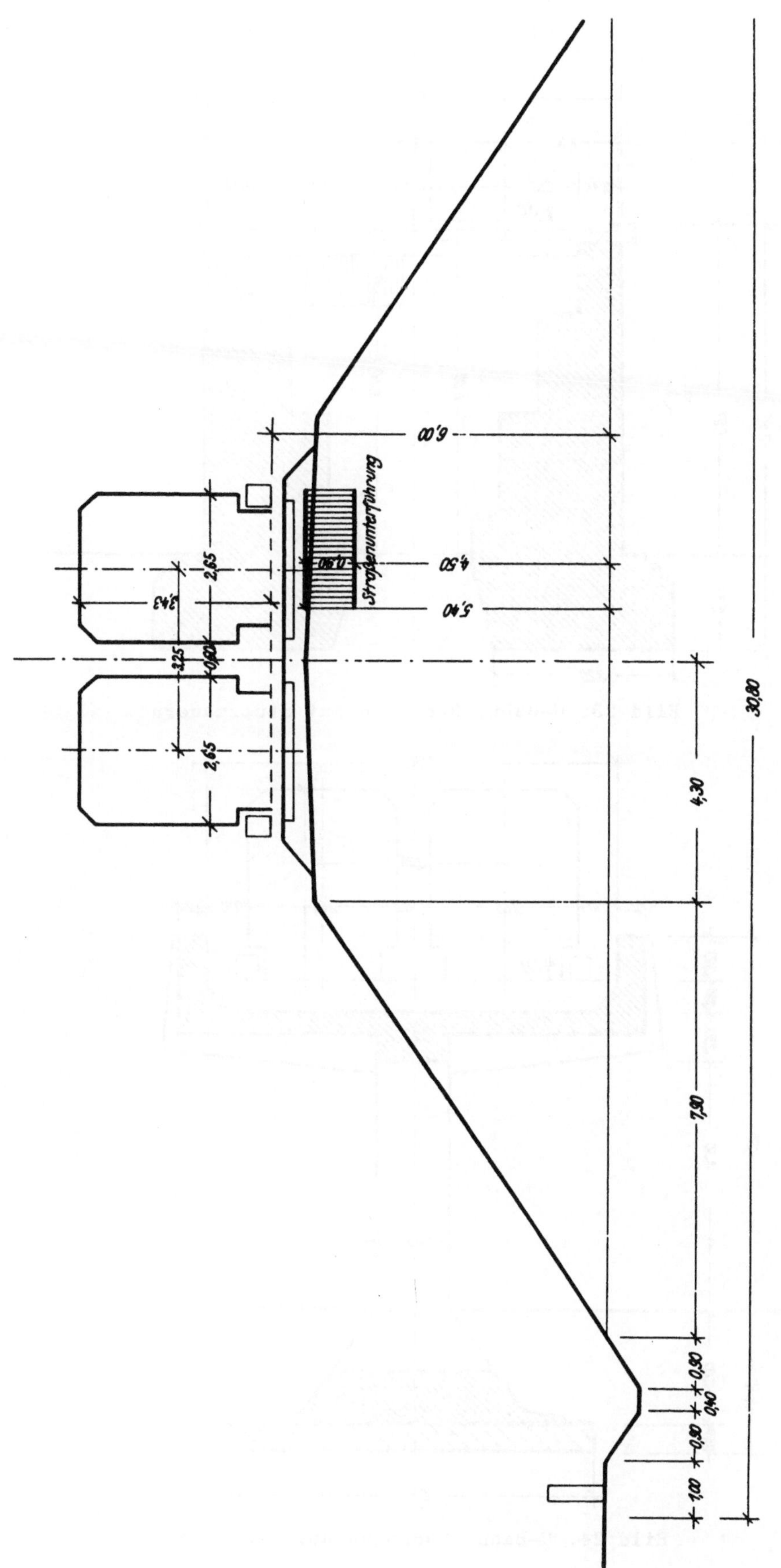

Bild 22. U-Bahn, Hochbahn auf Damm

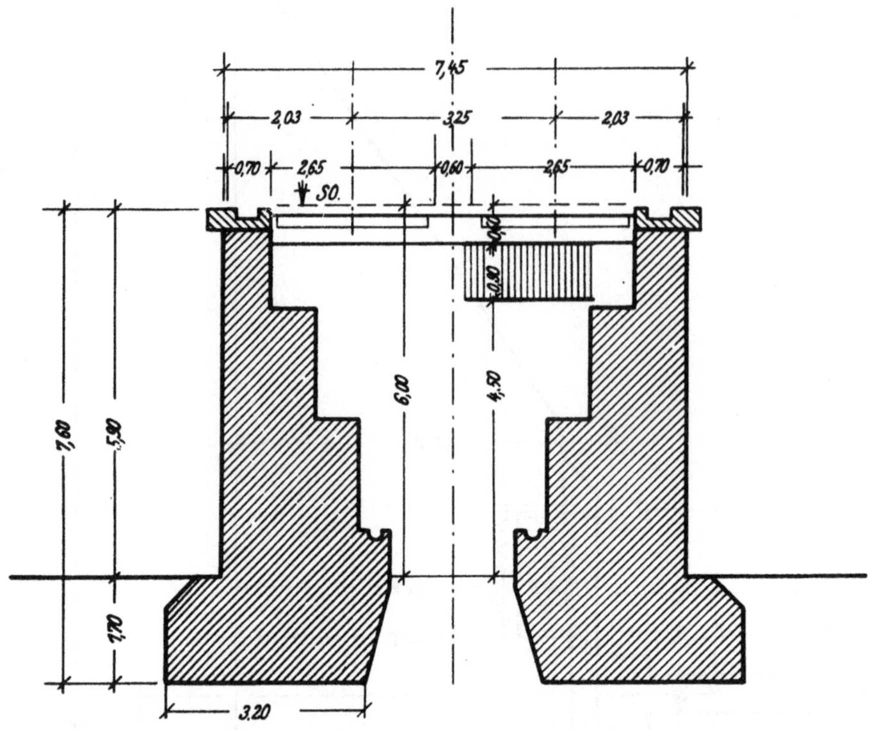

Bild 23. U-Bahn, Hochbahn auf Stützmauern

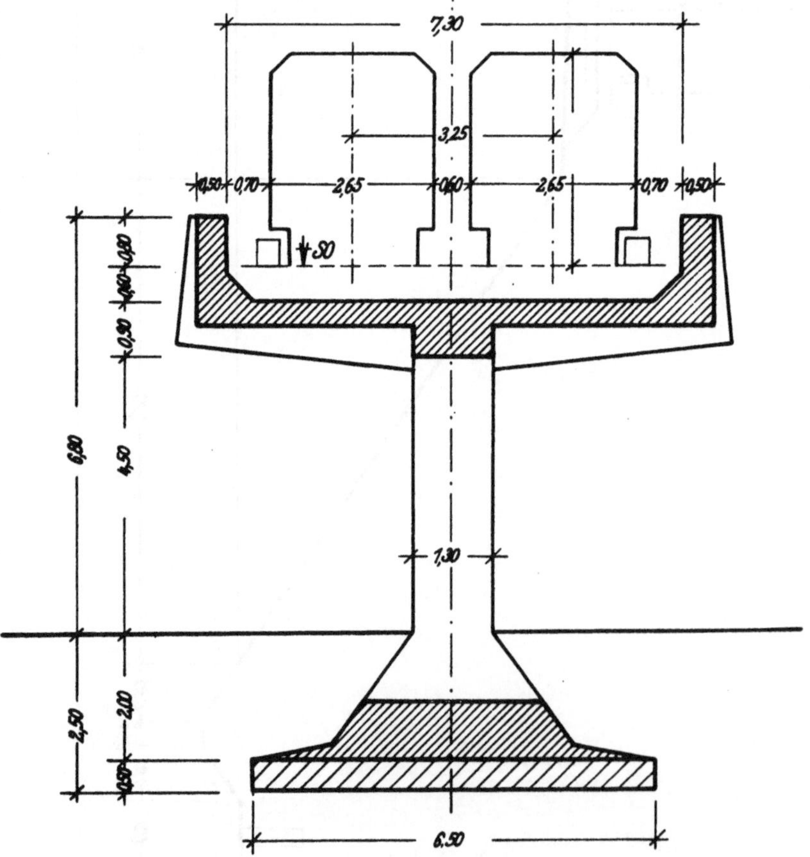

Bild 24. U-Bahn, Hochbahn auf Pfeilern

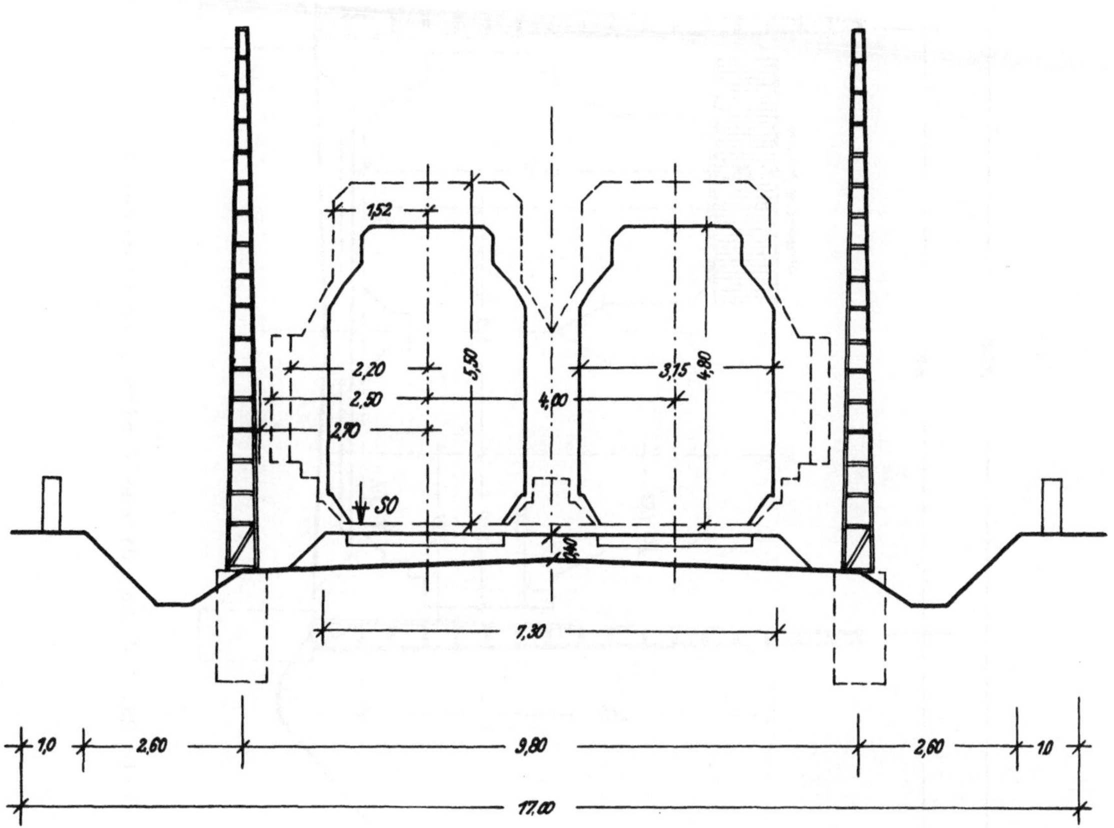

Bild 25. S-Bahn, Geländebahn

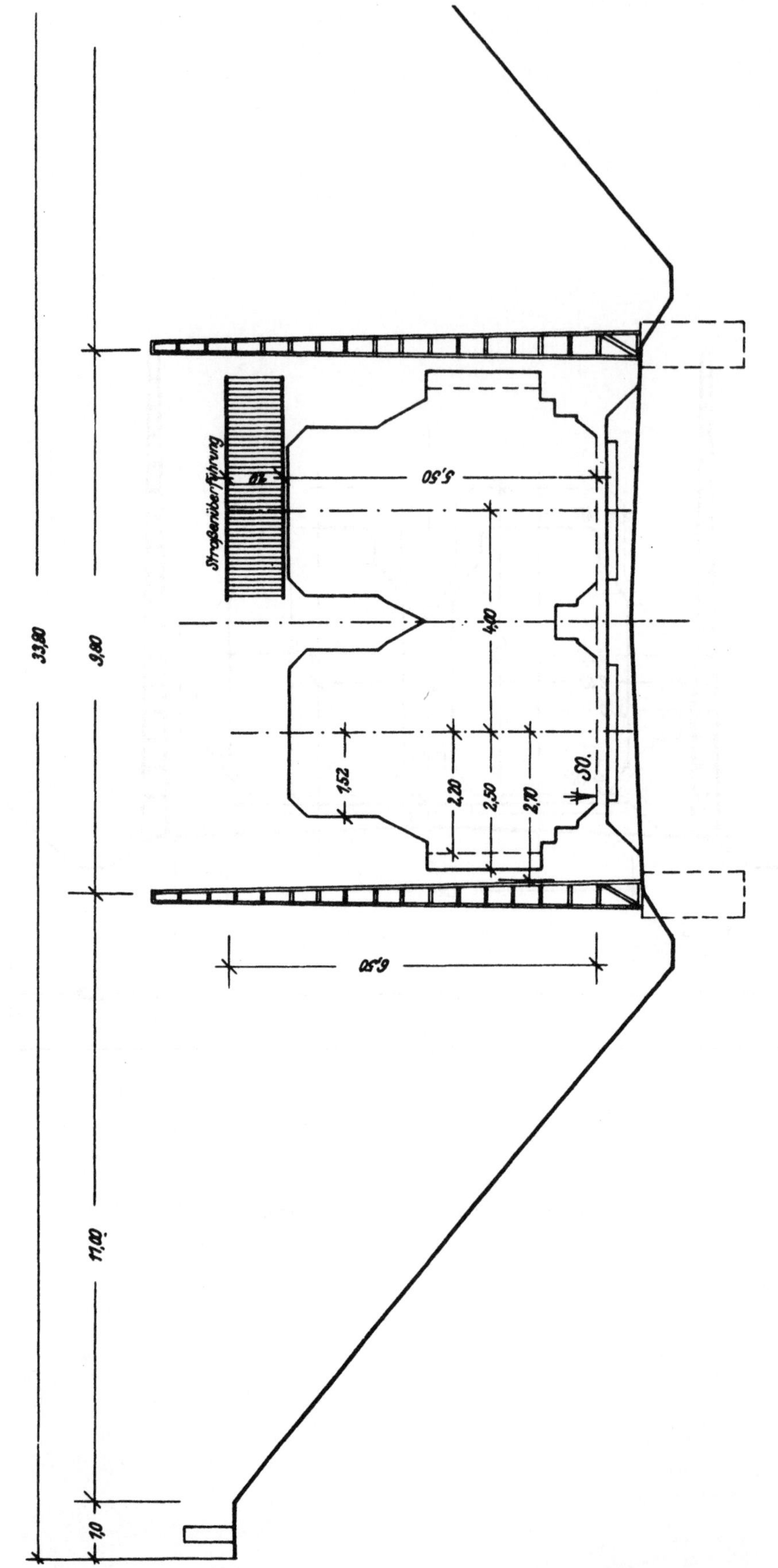

Bild 26. S-Bahn, Offene Tiefbahn im Einschnitt

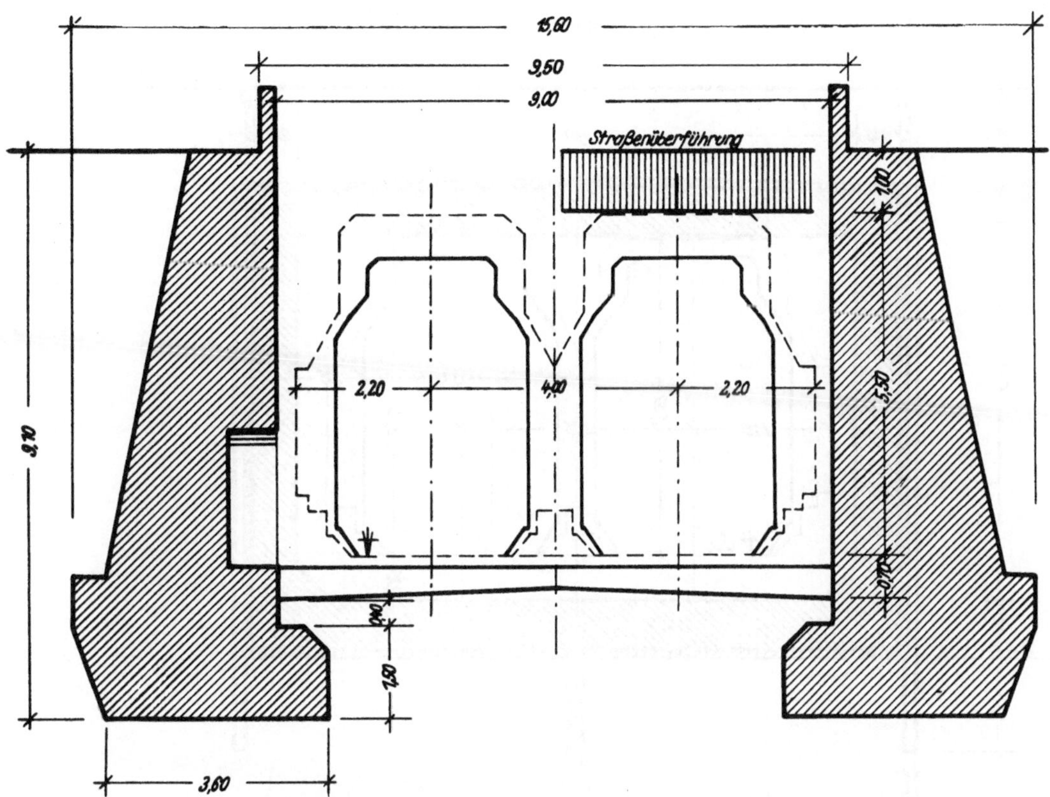

Bild 27. S-Bahn, Offene Tiefbahn zwischen Stützmauern

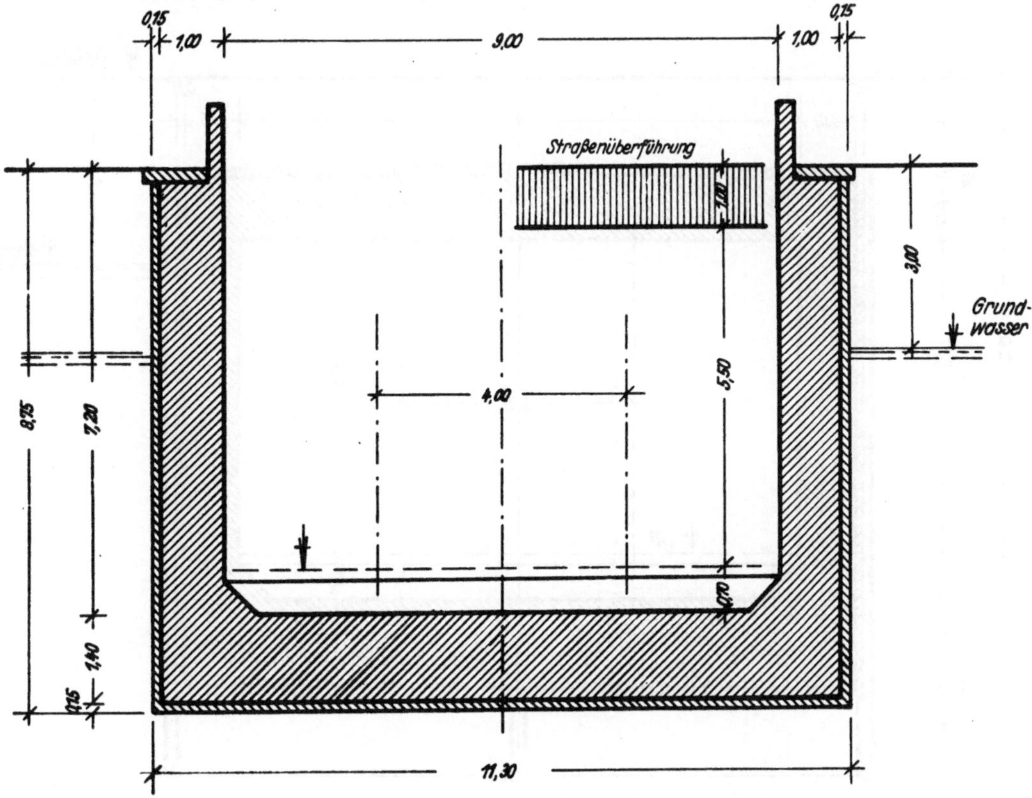

Bild 28. S-Bahn, Offene Tiefbahn im Grundwasser (Trog)

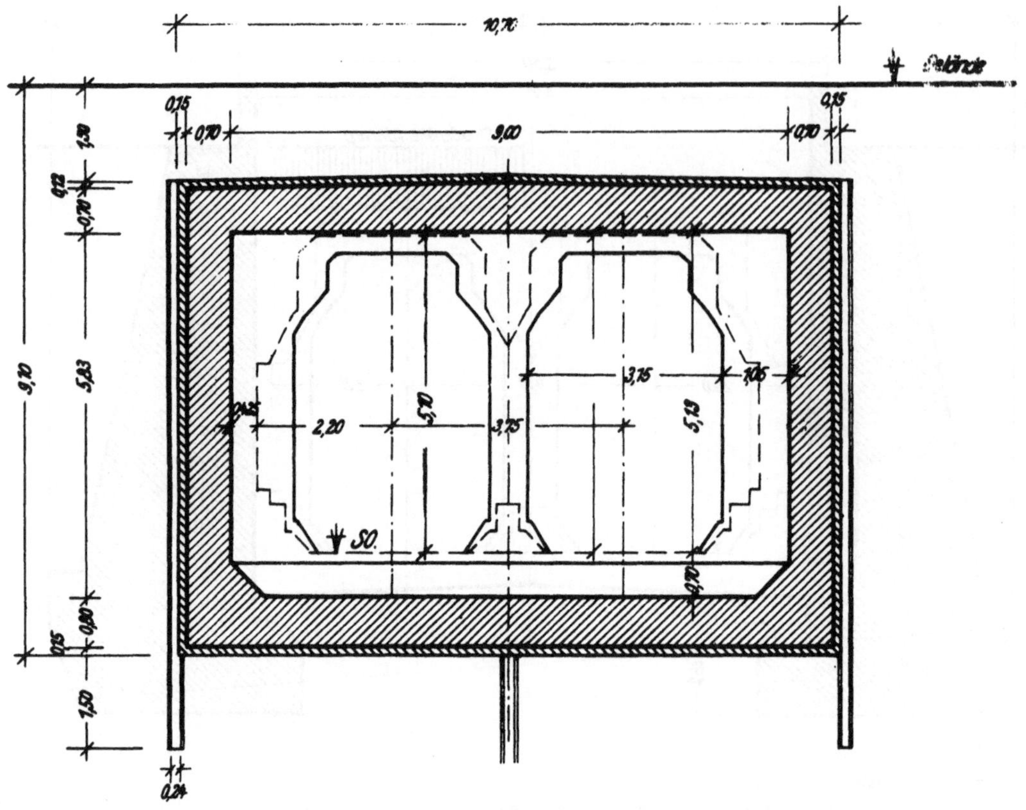

Bild 29. S-Bahn, Unterpflasterbahn ausserhalb des Grundwassers

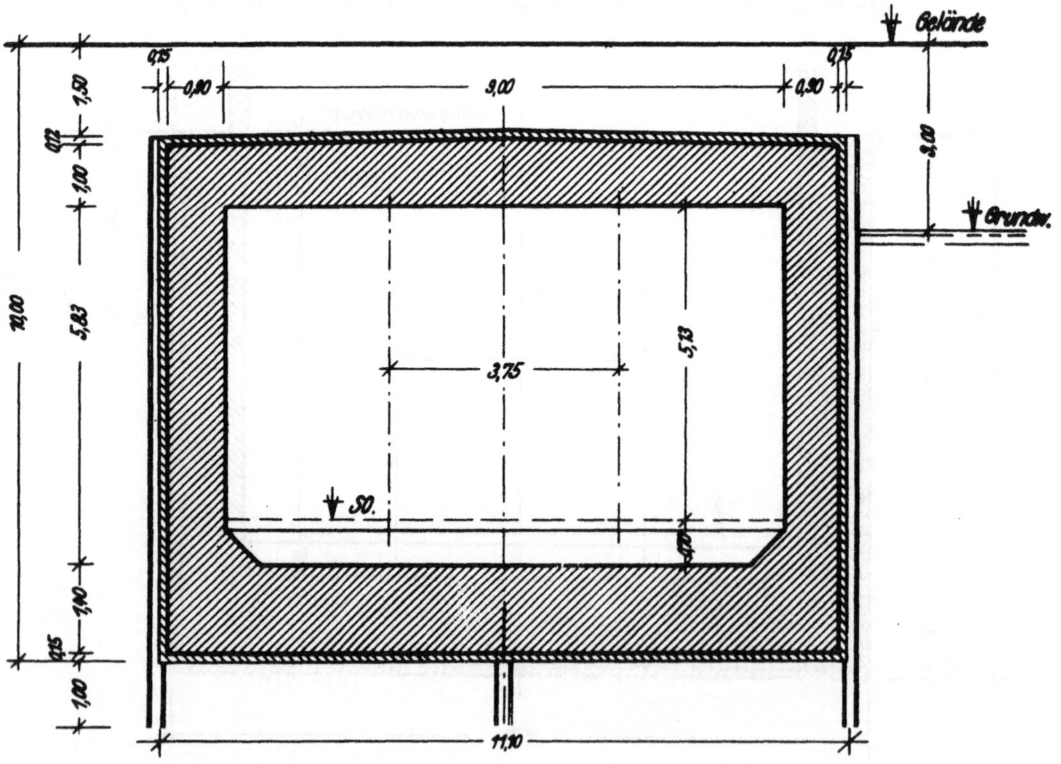

Bild 30. S-Bahn, Unterpflasterbahn im Grundwasser

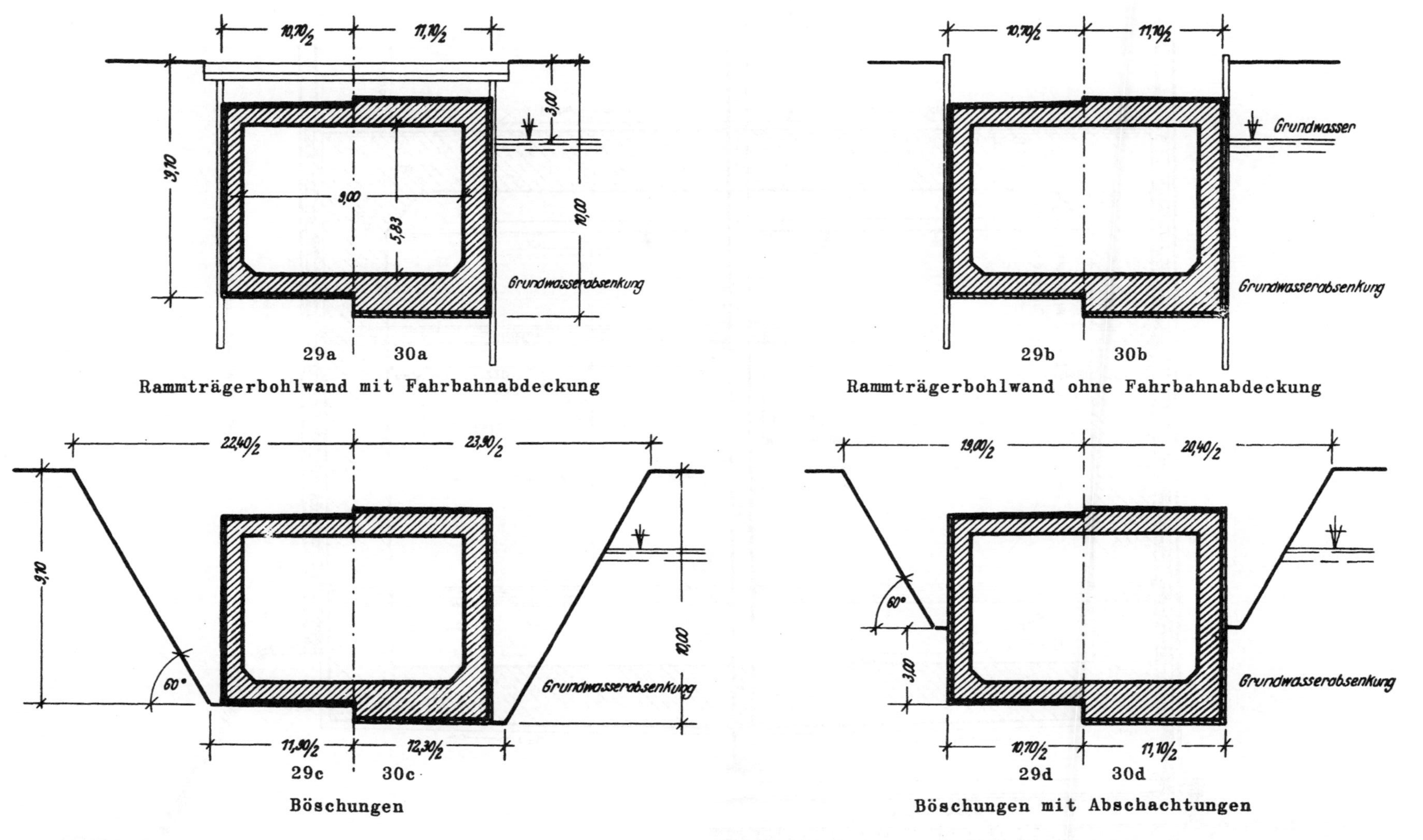

Bild 29a – 29d. S-Bahn, Unterpflastertunnel ohne und im Grundwasser,
Bild 30a – 30d.   Baugrubenform bei verschiedenen Baumethoden

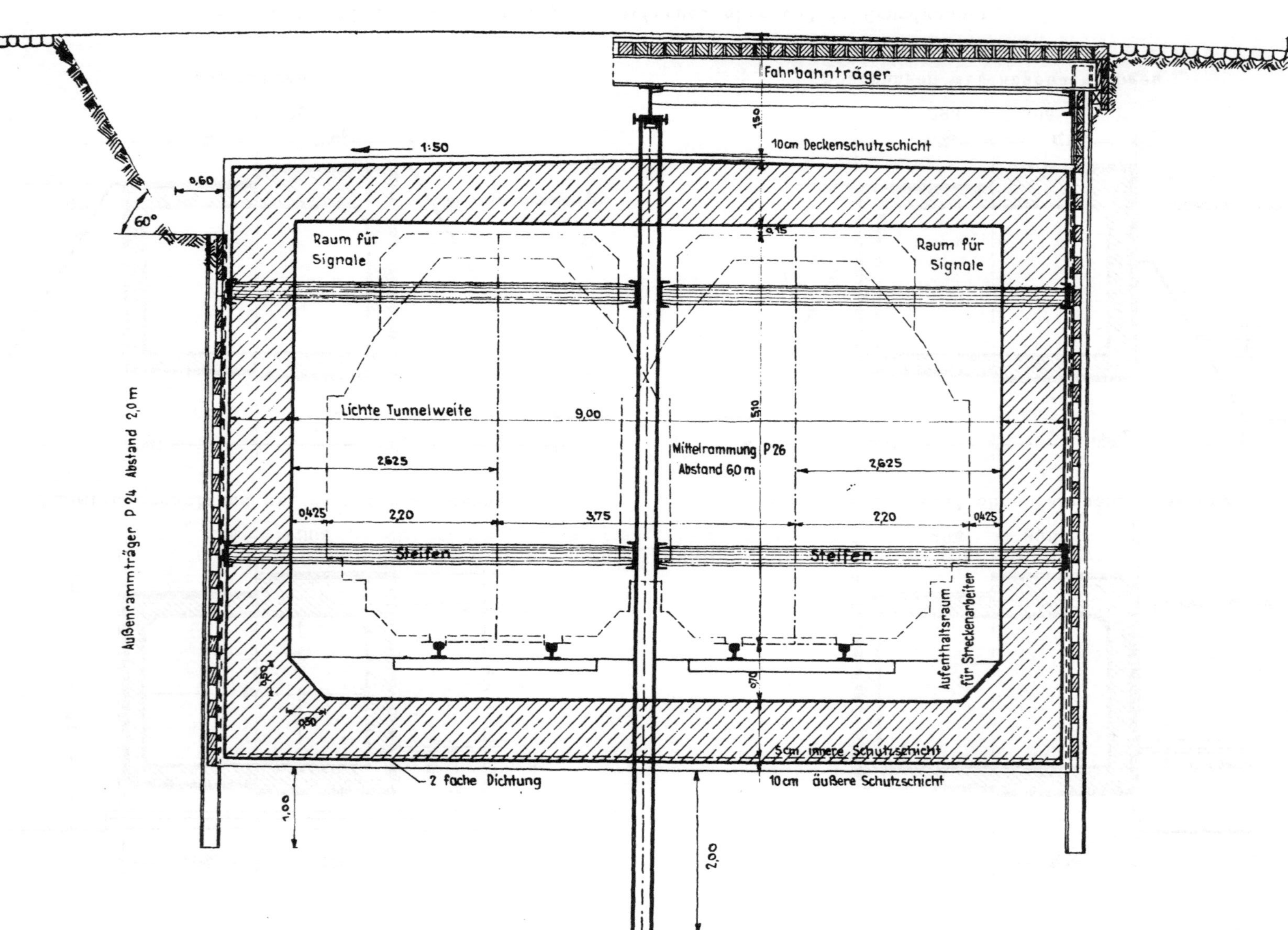

Bild 29 e. S-Bahn. Unterpflastertunnel, Herstellung der Baugrube mit Rammträgerbohlwandmethode

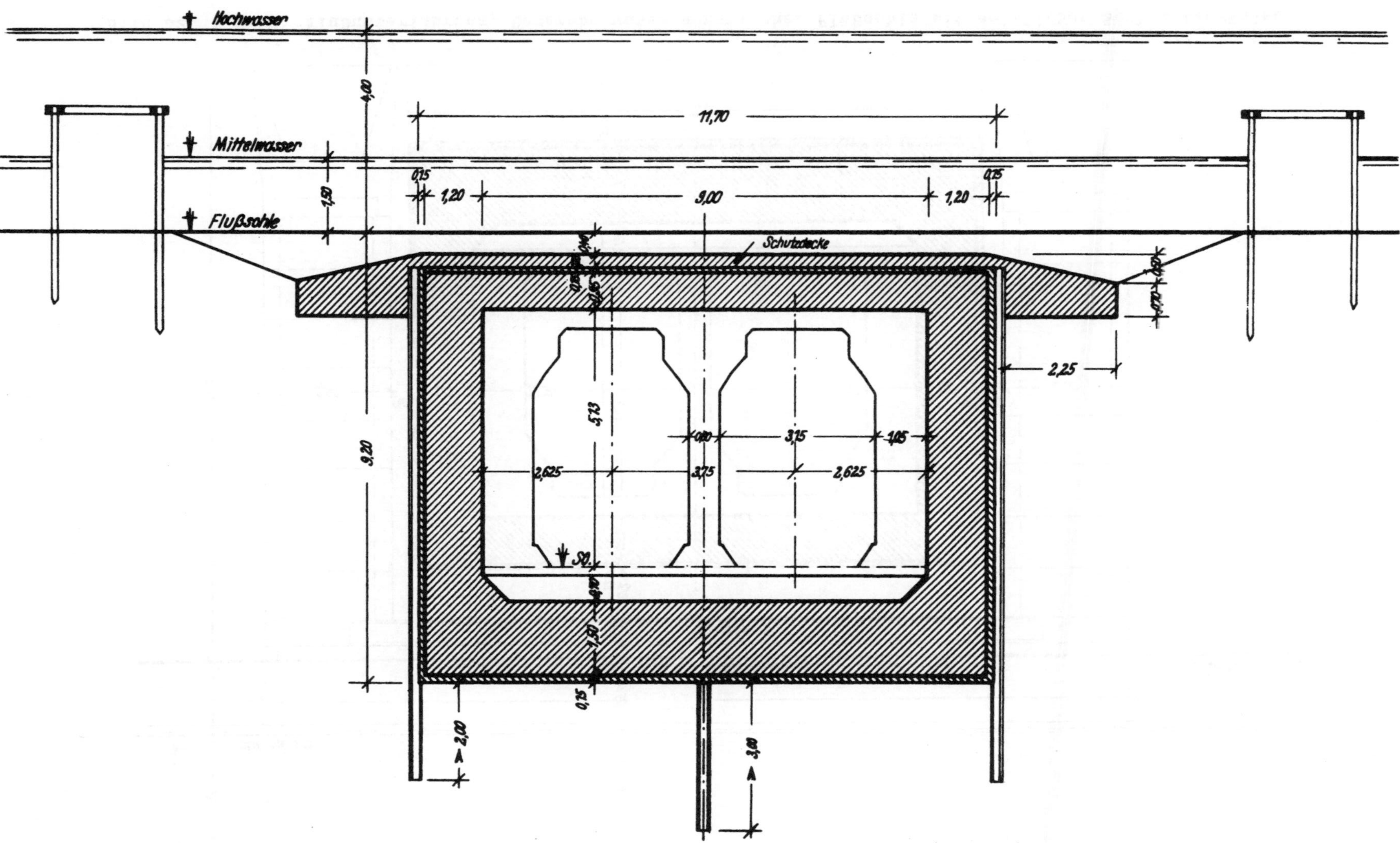

Bild 31. S-Bahn, Flussunterfahrung, Offene Baugrube mit Rammträgerbohlwänden zwischen Fangedämmen

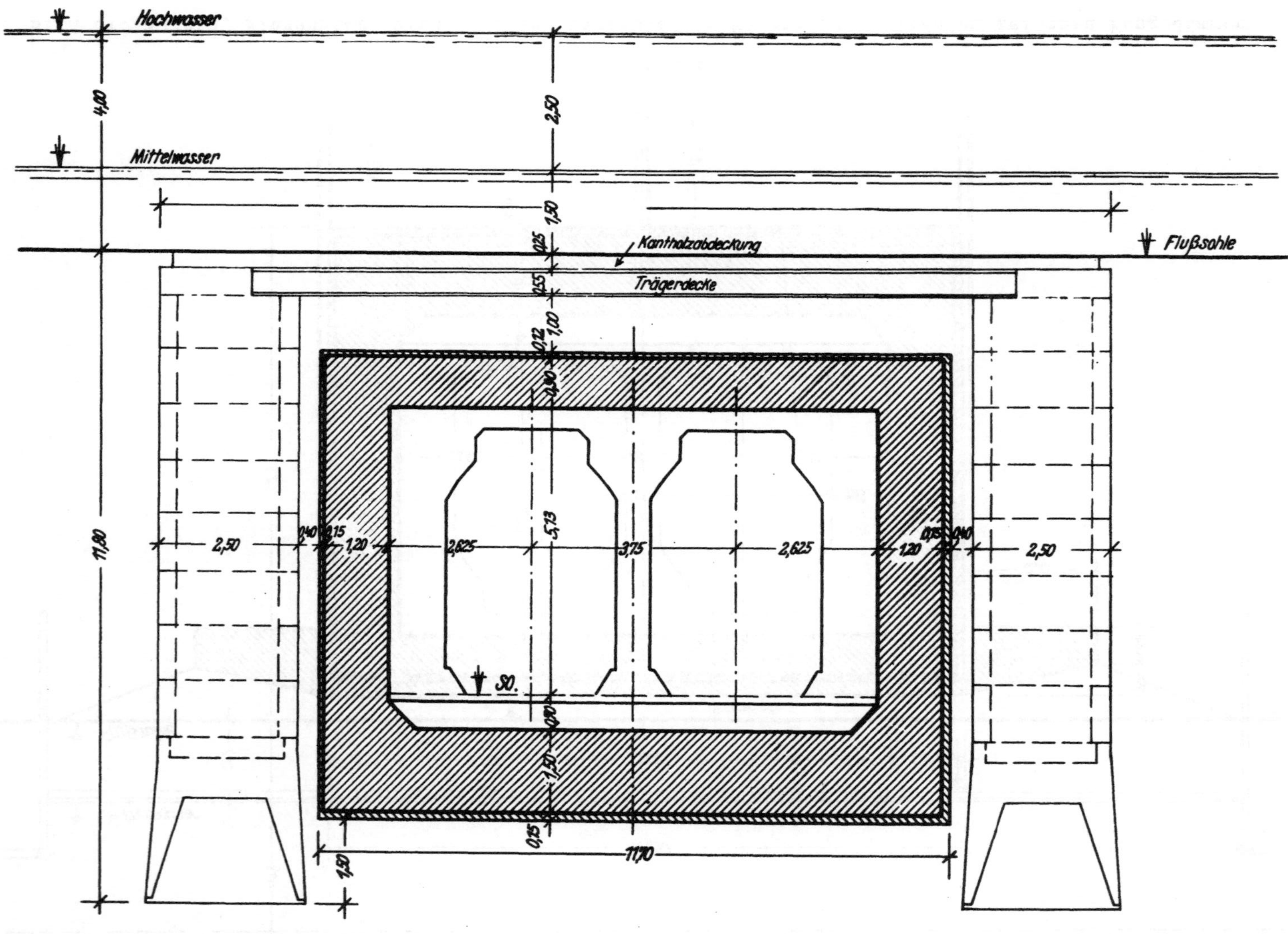

Bild 32. S-Bahn, Flußunterfahrung, Baugrube unter künstlicher Flußsohle mit seitlichen Senkkastenwänden

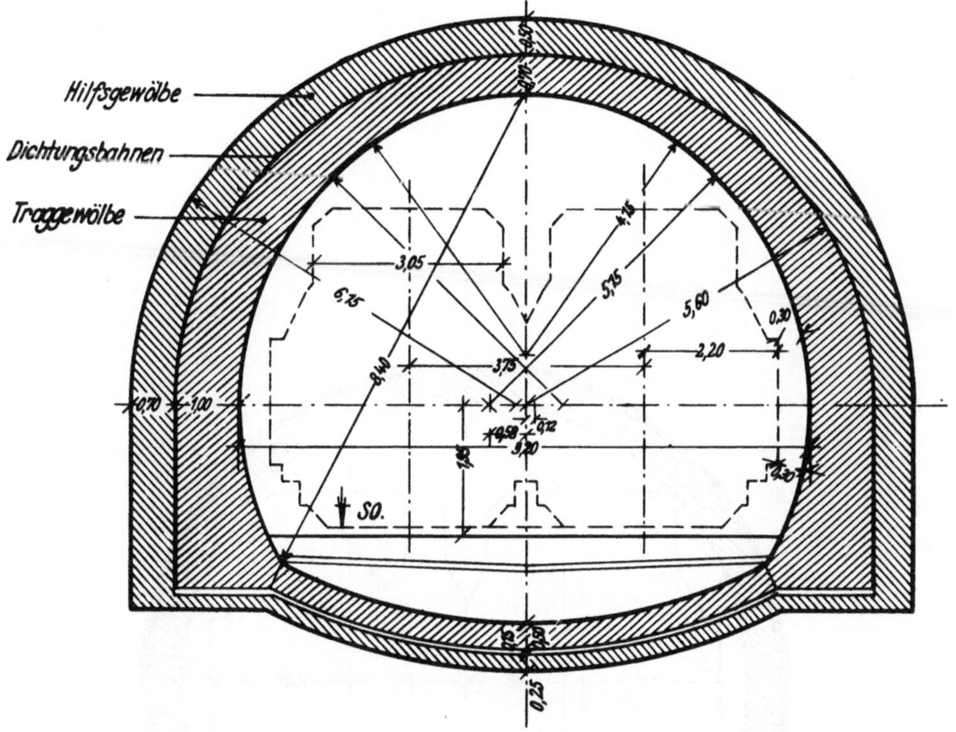

Bild 33. S-Bahn, Tunnel in mildem – gebrächem Gebirge

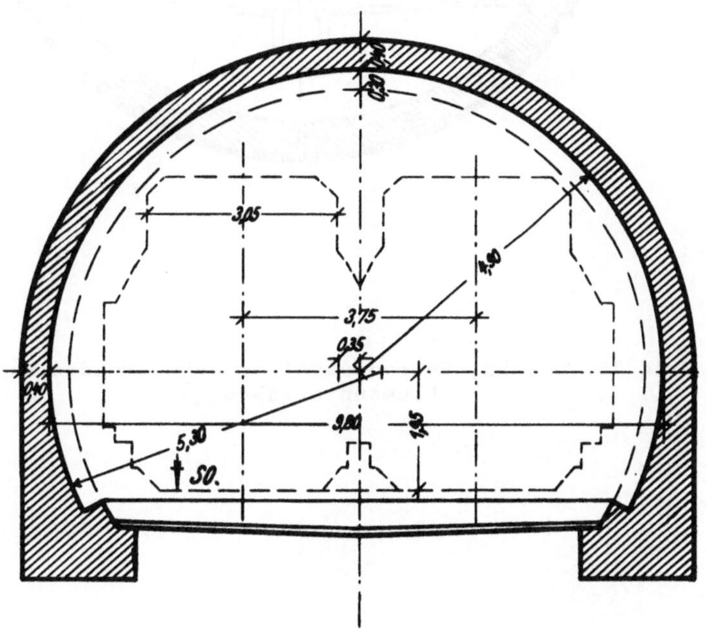

Bild 34. S-Bahn, Tunnel in hartem Gebirge

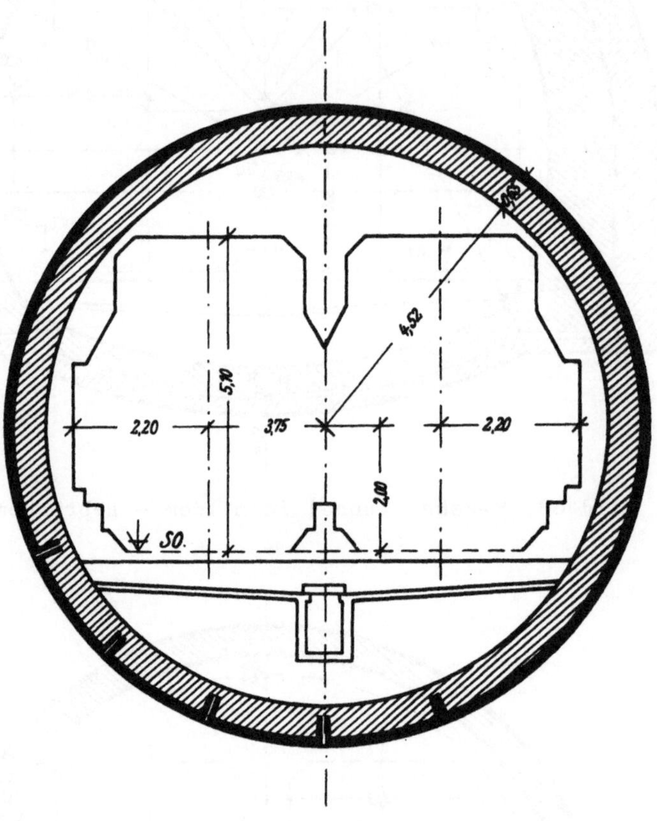

Bild 35. S-Bahn, Röhrentunnel im schwimmenden Gebirge
(Flussunterfahrung)

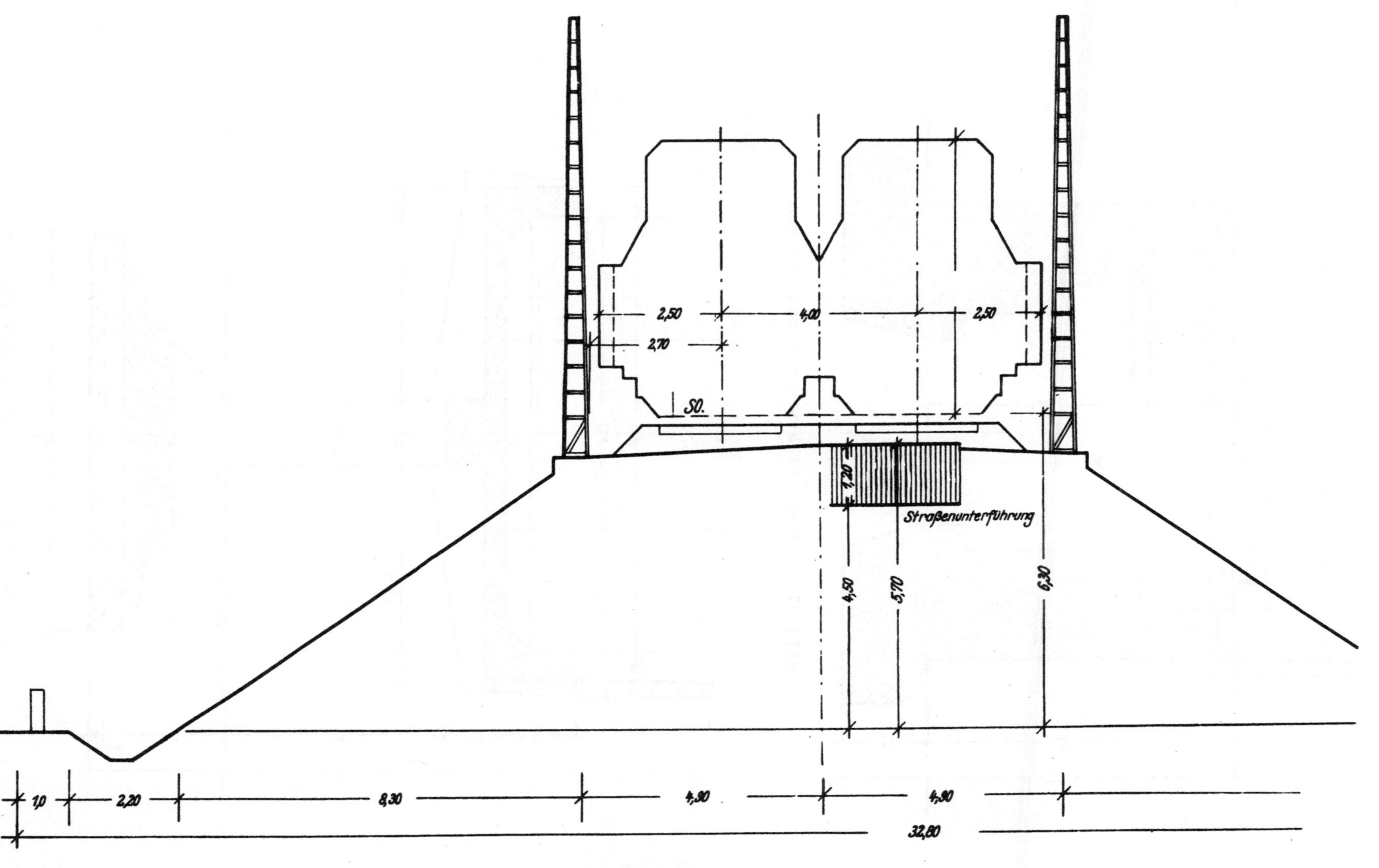

Bild 36. S-Bahn, Hochbahn auf Damm

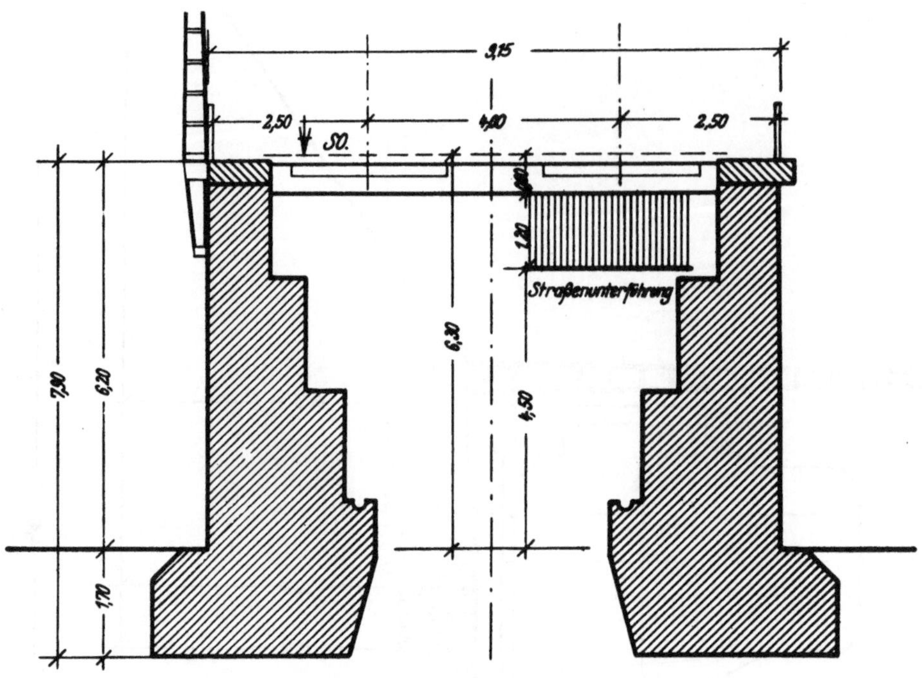

Bild 37. S-Bahn, Hochbahn auf Stützmauern

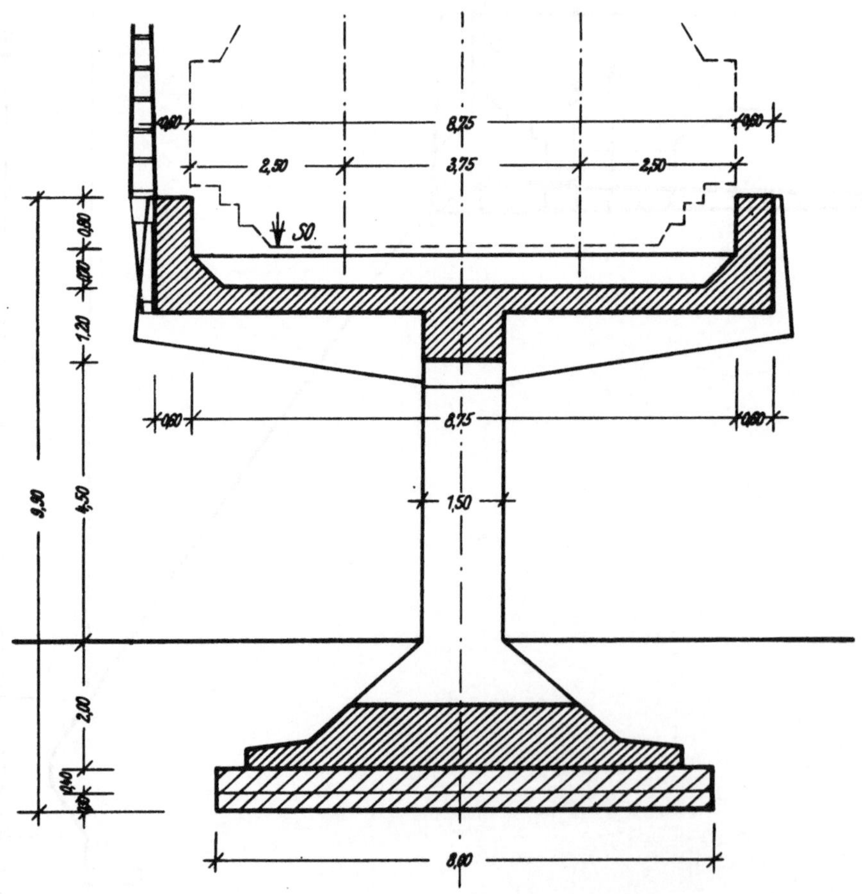

Bild 38. S-Bahn, Hochbahn auf Pfeilern

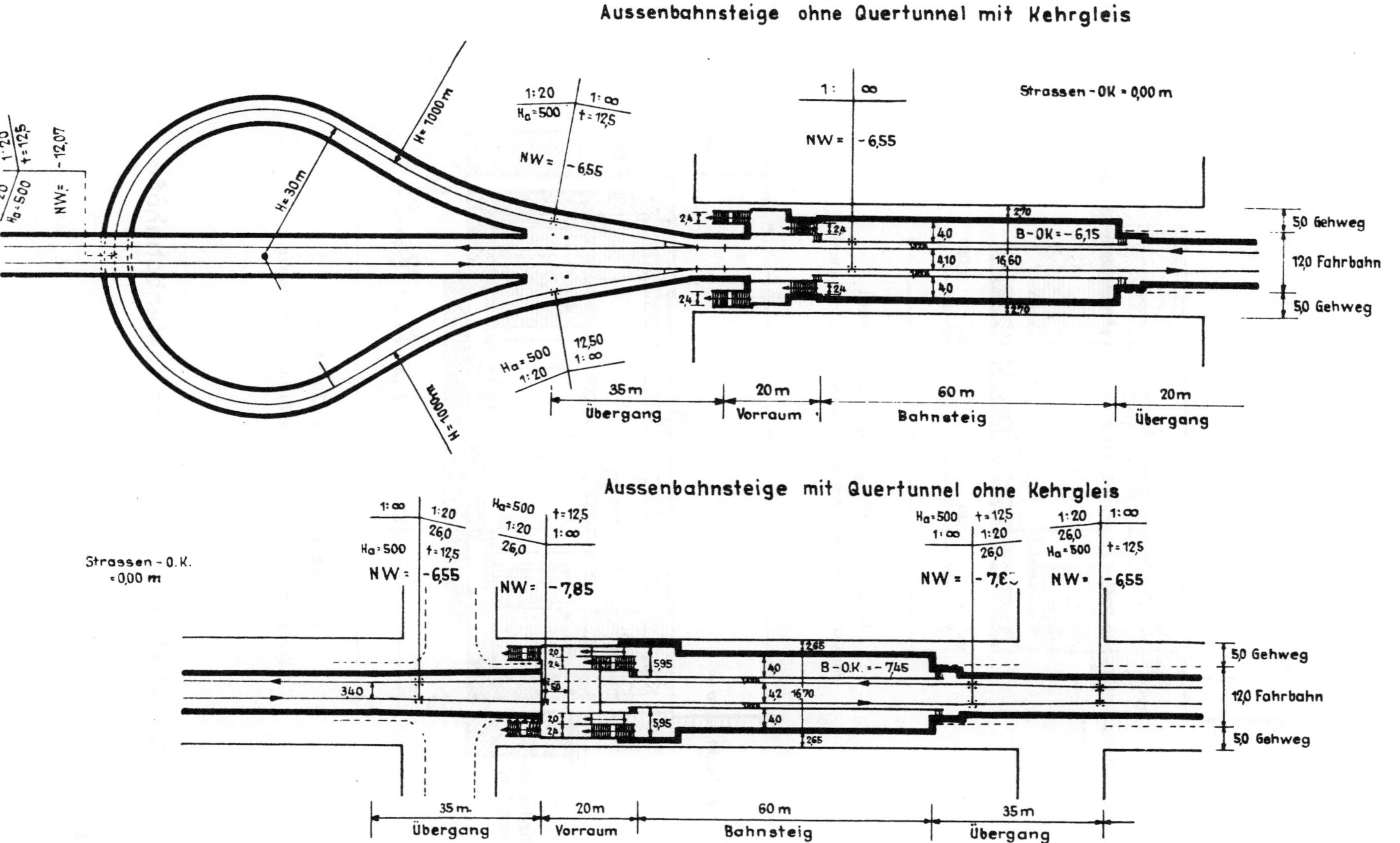

Bild 39. Schnellstraßenbahn, Unterpflasterbahnhöfe

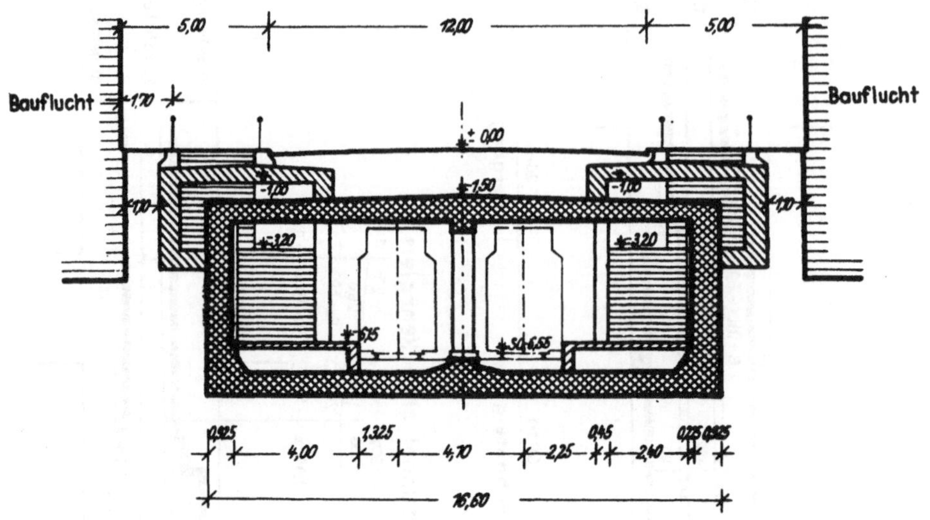

Aussenbahnsteige ohne Quertunnel

Versetzter Schnitt durch Zwischenpodest u. Bahnsteig

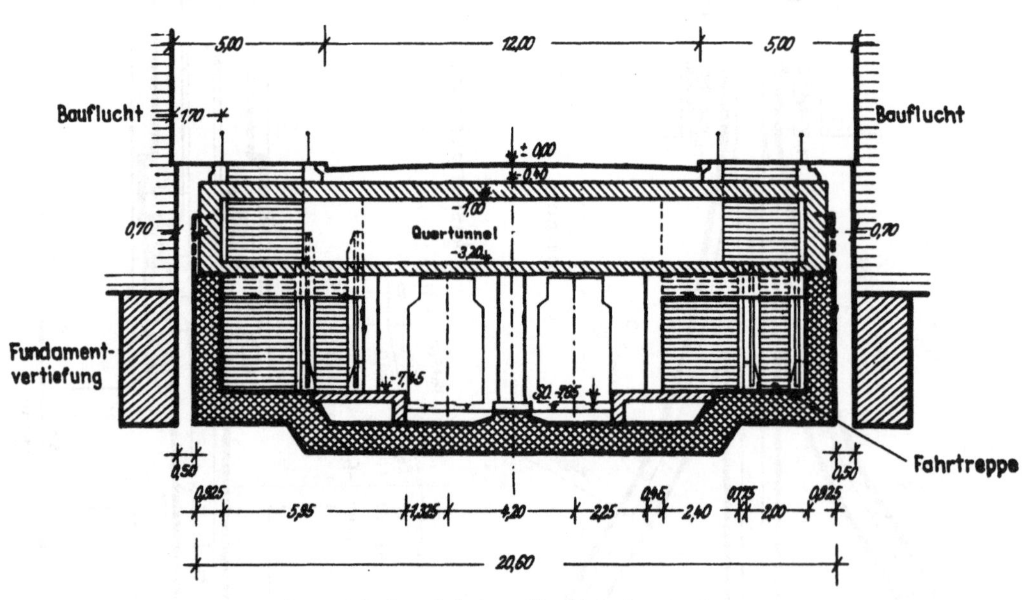

Aussenbahnsteige mit Quertunnel

Versetzter Schnitt durch Quertunnel u. Bahnsteig

Schnellstraßenbahn, Unterpflasterbahnhöfe

Bild 40

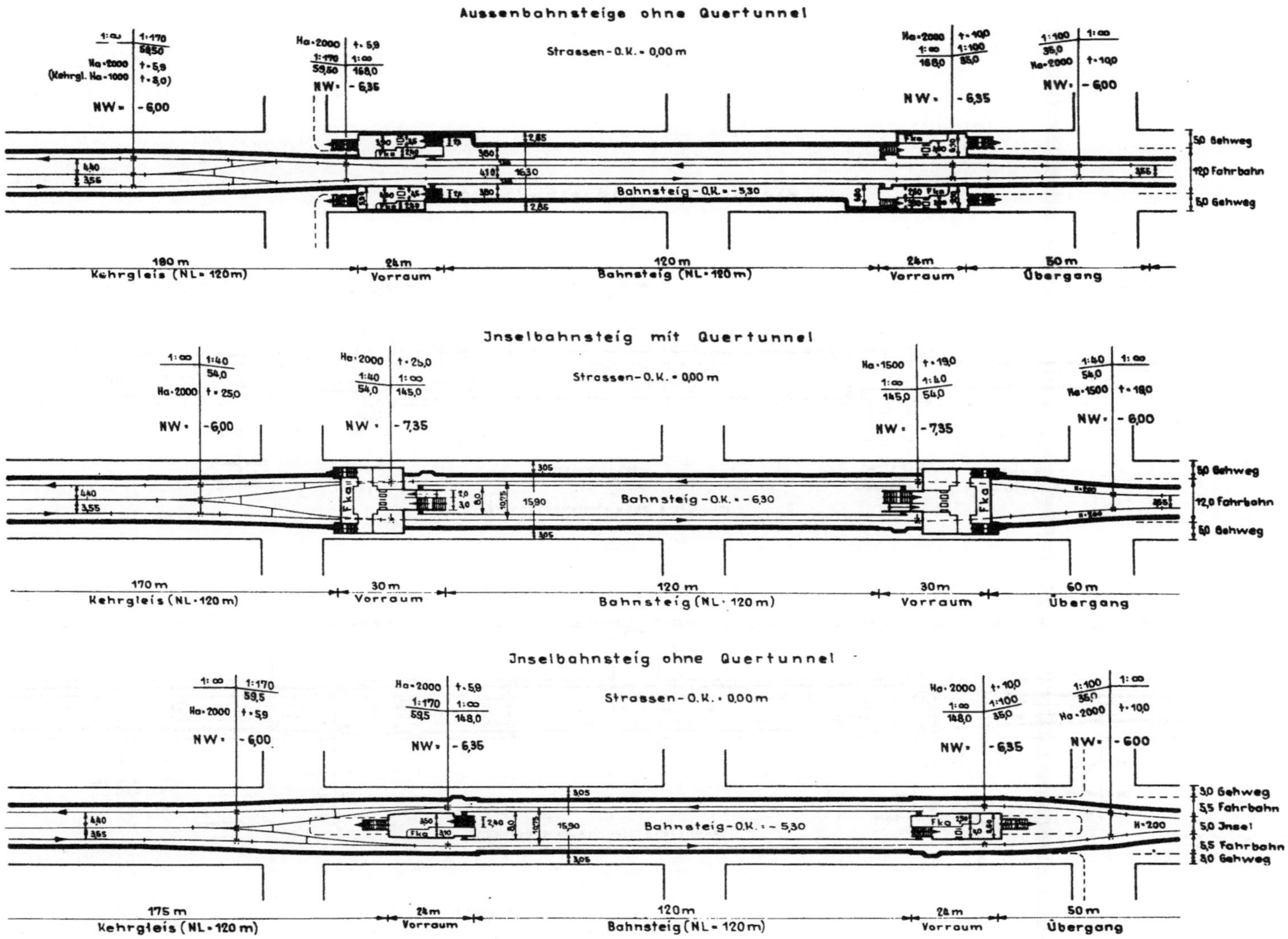

U-Bahn, Unterpflasterbahnhöfe

Bild 41

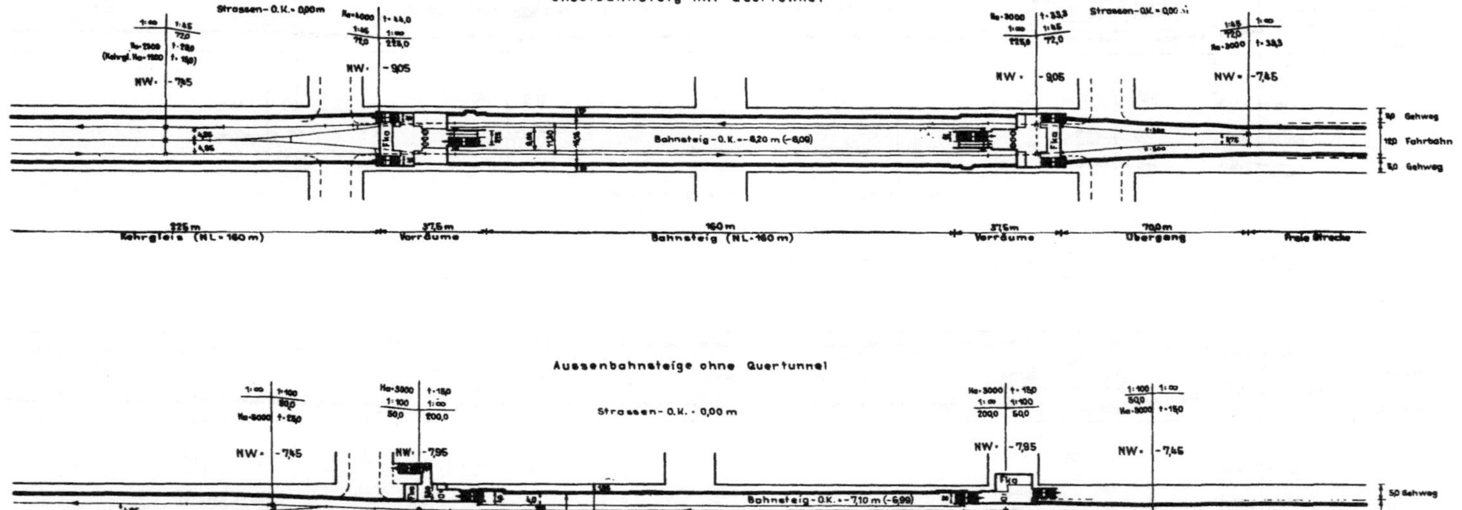

S-Bahn, Unterpflasterbahnhöfe

Anhang

3. Tabellen

Bahnart Raumlage	Halte-stellen- bzw Bahnhofs- abstand m	Fläche für Grunderwerb ausserhalb der Strecke					
		Bahnsteige				Empfangs-gebäude	Insgesamt
		Zahl	Breite	Länge	m^2	m^2	m^2
1	2	3	4	5	6	7	8
1) Strassenbahn							
Schnellstrassenbahn							
Bahn im Strassenraum	350	2	1,5o—o,7o[1]	6o	96[3]	–	96
Geländebahn mit eigenem Bk[2]	8oo	2	3,oo	3o	o[3]	–	o
Tiefbahn, Böschungen	8oo	2	3,oo	3o	o	–	o
Tiefbahn, Stützmauern	4oo	2	3,oo—o,75	3o	135	–	135
Unterpflasterbahn	5oo	2	4,oo	6o	o	–	
		2	Treppen		8o		8o
Pfeilerbahn	5oo	2	4,oo	6o	o	–	
		2	Treppen		8o		8o
2) U-Bahn							
Geländebahn mit eigenem Bk	12oo	2	4,oo	12o	o[3]	24o	24o
Tiefbahn, Böschungen	12oo	2	4,oo—1,oo	12o	72o	18o	9oo
Tiefbahn, Stützmauern	7oo	2	4,oo—o,7o	12o	8oo	24o	1o4o
Unterpflasterbahn	65o	2	4,oo	12o	o	–	
		4	Treppen		1oo		1oo
Dammbahn	12oo	2	4,oo	12o	96o	18o	114o
Bahn auf Stützmauern	7oo	2	4,oo—o,7o	12o	8oo	24o	1o4o
Pfeilerbahn	65o	2	4,oo	12o	o	24o	
		4	Treppen		1oo		34o
3) S-Bahn							
Geländebahn mit eigenem Bk	15oo	2	4,oo	16o	o[3]	3oo	3oo
Tiefbahn, Böschungen	15oo	2	4,oo	16o	o[3]	24o	24o
Tiefbahn, Stützmauern	1ooo	2	4,oo—o,7o	16o	1o6o	3oo	136o
Unterpflasterbahn	8oo	1	8,oo	16o	o	–	
		2	Treppen		12o		12o
Dammbahn	15oo	2	4,oo	16o	128o	24o	152o
Bahn auf Stützmauern	1ooo	2	4,oo—o,7o	16o	1o6o	3oo	136o
Pfeilerbahn	8oo	2	4,oo	16o	o	3oo	
		4	Treppen		12o		42o

Anmerkung: 1) Teil des Bahnsteigs innerhalb des Lichtraumprofils
2) Bk = Bahnkörper
3) Bahnsteig über eingedoltem Bahngraben

Tabelle 22. Zusätzlicher Flächenbedarf für die Haltestellen und Bahnhöfe

Gegenstand	Fläche	Bodenwerte		Grund-stücks-werte
		1938 [1]	1953	1953
	m^2	RM/m^2	DM/m^2	Mio DM
1	2	3	4	5
Hauptwerkstätten				
Grunewald	119 000	15.–	22.5o	2,68
Seestrasse	46 000	28.–	42.–	1,93
Wagenhalle				
Friedrichsfelde	115 000	7.–	1o.5o	1,21
Warschauer Brücke	5 3oo	36.–	54.oo	o,29
Zehlendorf	2 77o	1o.–	15.–	o,o5
Insgesamt	288 000			6,16
Durchschnitt in DM	1			21,4o

1) lt. Randzio, Unterirdischer Städtebau, S. 44.
Bremen 1951

Tabelle 23. Fläche und Werte der Betriebsgrundstücke
der Berliner U-Bahn

Gegenstand	Ein-heit	(Schnell) Strassen-bahn	U-Bahn	S-Bahn	Einheits-preis ℳ	Schnell-strassen-bahn	U-Bahn	S-Bahn
		Anzahl				Baukosten ℳ / m		
Bild		4	11	25		4	11	25
1	2	3	4	5	6	7	8	9
1) Erdarbeiten								
Mutterbodenabhub (10cm)	m^2	14,4	13,3	15,0	0,70	1o.-	9.-	11.-
Bodenaushub und Abtransport	m^3	5,8	5,3	7,0	7.-	41.-	37.-	49.-
Planum, Abwalzen, Unterbau	m^2	8,3	8,6	9,8	1.-	8.-	9.-	1o.-
Böschurg andecken	m^2	1,5	2,0	2,0	1.-	2.-	2.-	2.-
2) Einfriedung (Hecke)	m	2,0	2,0	2,0	1o.-	2o.-	2o.-	2o.-
Summe 1)+2)						81.-	77.-	92.-
3) Nebenarbeiten (15% von 1)+2)						12.-	12.-	14.-
Insgesamt						93.-	89.-	1o6.-

Tabelle 24. Geländebahn mit eigenem Bahnkörper, Baukosten des Bahnkörpers

	Bild	5	12	26		5	12	26
	2	3	4	5	6	7	8	9
1) Erdarbeiten								
Mutterbodenabhub	m^2	28,5	2o,9	13,8	0,70	2o.-	15.-	22.-
Bodenaushub	m^3	132,4	87,9	164,1	5.-	662.-	44o.-	821.-
Planum, Abwalzen, Unterbau	m^2	8,3	8,6	9,8	1.-	8.-	9.-	1o.-
Böschungen anpflanzen	m^2	18,6	15,6	21,6	1.-	19.-	16.-	22.-
Summe 1)						7o9.-	480.-	875.-
2) Einfriedung (Hecke)	m	2,0	2,0	2,0	1o.-	2o.-	2o.-	2o.-
3) Betonarbeiten								
Entwässerungsrinne	m^3	-	1,6	-	9o.-	-	144.-	-
Summe 1)-3)						729.-	644.-	895.-
4) Baustelleneinrichtung Nebenarbeiten (15% von 1)-3)						1o9.-	97.-	134.-
Insgesamt						838.-	741.-	1o29.-

Tabelle 25. Offene Tiefbahn im Einschnitt, Baukosten des Bahnkörpers

Gegenstand	Ein-heit	Schnell-strassenbahn		U-Bahn		S-Bahn		Ein-heits-preis 1953	Schnell-strassenbahm		U-Bahn		S-Bahn	
		Anzahl							Baukosten M / m					
		ohne	im	ohne	im	ohne	im		ohne	im	ohne	im	ohne	im
		Grundwasser									Grundwasser			
Bild		6	7	13	14	27	28	M	6	7	13	14	27	28
1	2	3	4	5	6	7	8	9	1o	11	12	13	14	15
1) Erdarbeiten														
Pflasteraufbruch	m^2	13,5	9,0	13,0	9,1	16,0	11,5	6.-	81.-	54.-	78.-	55.-	96.-	69.-
Bodenaushub	m^3	34,2	63,8	33,0	59,0	51,9	98,9	6.-	2o5.-	383.-	178.-	354.-	311.-	593.-
Bodenaushub, einschl.														
Aussteifung u. Ausbohlung	m^3	6o,8	-	48,2	-	78,3	-	16.-	973.-	-	771.-	-	1153.-	-
Bodenverfüllung	m^3	11,4	-	8,8	-	14,2	-	5.-	57.-	-	44.-	-	71.-	-
Summe 1)									1316.-	437.-	1o71.-	4o9.-	1631.-	662.-
2) Auszimmerung														
Rammträger	m^3	-	8,5	-	7,8	-	15,3	75.-	-	638.-	-	585.-	-	1148.-
Ausbohlung	m^3	-	0,75	-	0,7	-	0,85	8o.-	-	21o.-	-	196.-	-	238.-
Steifen	m	-	13,2	-	13,4	-	17,0	15.-	-	198.-	-	2o1.-	-	255.-
Summe 2)										1o46.-		982.-		1641.-
3) Betonarbeiten														
Sohlenschutzschicht	m^3	-	8,8	-	9,o	-	11,3	1o.-	-	88.-	-	9o.-	-	113.-
Wandschutzschicht	m^2	-	14,5	-	13,1	-	17,5	1o.-	-	145.-	-	131.-	-	175.-
4 fache Dichtung	m^2	-	11,0	-	9,8	-	16,8	16.-	-	176.-	-	157.-	-	269.-
3 fache Dichtung	m^2	-	6,4	-	6,4	-	6,4	13.-	-	83.-	-	83.-	-	83.-
2 fache Dichtung	m^2	-	5,6	-	5,6	-	5,6	1o.-	-	56.-	-	56.-	-	56.-
Bitumenanstrich 2x	m^2	12,0	-	1o,8	-	14,0	-	4.-	48.-	-	43.-	-	56.-	-
Sohlenbeton	m^3	-	8,5	-	8,7	-	15,4	7o.-	-	595.-	6.-	6o9.-	-	1o78.-
Wandbeton	m^3	-	9,4	-	9,3	-	15,0	8o.-	-	752.-	-	744.-	-	12oo.-
Stützmauer	m	37,1	-	29,0	-	46,2	-	75.-	2783.-	-	2175.-	-	3465.-	-
Brüstung	m	2,0	2,0	2,0	2,0	2,0	2,0	4o.-	8o.-	8o.-	8o.-	8o.-	8o.-	8o.-
Rundstahl	t	-	0,8	-	0,8	-	1,2	3oo.-	-	64o.-	-	64o.-	-	96o.-
Entwässerung:														
Packlage	m^2	12,0	-	1o,8	-	14,0	-	5.50	66.-	-	59.-	-	77.-	-
Graben und Rohre	m	1	1	1	1	1	1	25.-	25.-	25.-	25.-	25.-	25.-	25.-
Summe 3)									3oo2.-	264o.-	2382.-	2615.-	37o3.-	4o39.-
Summe 1) - 3)									4318.-	4123.-	3453.-	4oo6.-	5334.-	6342.-
4) Baustelleneinrichtung, Neben-arbeiten, Frachten (15% von 1)-3)									648.-	618.-	518.-	6o1.-	8oo.-	951.-
Summe 2) -4)									365o.-	43o4.-	29oo.-	4198.-	45o3.-	6631.-
5) Wasserhaltung														
Offene Wasserhaltung	m	1	-	1	-	1	-	5o.-	5o.-	-	5o.-	-	5o.-	-
Grundwasserabsenkung	m	-	1	-	1	-	1	13oo.-	-	13oo.-	-	13oo.-	-	13oo.-
Einzelheiten s.S.														
Insgesamt									5o16.-	6o41.-	4o21.-	59o7.-	6184.-	8593.-

Tabelle 26. Offene Tiefbahn zwischen Stützmauern und im Trog (Grundwasser), Baukosten des Bahnkörpers

Gegenstand	Ein-heit	U-Bahn	S-Bahn	Ein-heits-preis DM	U-Bahn	S-Bahn
		Anzahl			Baukosten DM/m	
Bild		22	36		22	36
1	2	3	4	5	6	7
1) Erdarbeiten						
Mutterbodenabhub	m^2	28,8	30,8	0.70	20.-	22.-
Bodenaushub	m^3	1,1	1,1	5.-	6.-	6.-
Aufschüttung	m^3	56,2	65,6	6.-	337.-	394.-
Verdichten des Damms	m^3	56,2	65,6	0.50	28.-	33.-
Planum und Abwalzen	m^2	8,6	9,8	1.-	9.-	10.-
Böschung anpflanzen	m^2	19,5	20,4	1.-	20.-	20.-
Summe 1)					420.-	485.-
2) Baustelleneinrichtung, Nebenarbeiten (15 %)					63.-	73.-
Insgesamt					483.-	558.-

Tabelle 27.   Hochbahn auf einem Damm, Baukosten des Bahnkörpers

Bild		23	37		23	37
1	2	3	4	5	6	7
1) Erdarbeiten						
Fundamentaushub	m^3	11,7	11,7	6.-	70.-	70.-
Bodeneinbau zwischen den Stützmauern	m^3	16,1	28,0	7.-	113.-	196.-
Verdichtung des Bodens	m^3	16,1	28,0	0.50	8.-	14.-
Planum und Abwalzen		5,9	7,2	1.-	6.-	7.-
Sickerleitungen		2,0	2,0	15.-	30.-	30.-
Summe 1)					227.-	317.-
2) Betonarbeiten						
Fundamentbeton	m^3	11,0	11,0	55.-	605.-	605.-
Aufgehender Beton	m^3	19,3	20,7	80.-	1 544.-	1 656.-
Abdeckplatte	m^3	0,7	0,7	100.-	70.-	70.-
Geländer	m^3	2,0	2,0	20.-	40.-	40.-
Steinpackung	m^3	6,0	6,1	22.-	132.-	134.-
Entwässerung	m	1,0	1,0	15.-	15.-	15.-
Summe 2)					2 406.-	2 520.-
Summe 1) + 2)					2 633.-	2 837.-
3) Baustelleneinrichtung, Nebenarbeiten, Frachten (15 % von 1) + 2))					395.-	426.-
Summe 2) + 3)					2 801.-	2 946.-
Insgesamt					3 028.-	3 263.-

Tabelle 28.   Hochbahn auf Stützmauern, Baukosten des Bahnkörpers

	Ein-heit	Schnell-straßen-bahn	U-Bahn	S-Bahn	Einheits-preis	Schnell-straßen-bahn	U-Bahn	S-Bahn
		Anzahl / 10 m				Baukosten DM / 10 m		
		10	24	38	DM	10	24	38
2		3	4	5	6	7	8	9
1) Erdarbeiten								
Pflasteraufbruch	m^2	80,0	80,0	95,0	6.–	480.–	480.–	570.–
Endgültiges Pflaster	m^2	80,0	80,0	95,0	38.–	3 040.–	3 040.–	3 610.–
Bodenaushub	m^3	185,0	185,0	220,0	6.–	1 110.–	1 110.–	1 320.–
Bodenverfüllung	m^3	100,0	100,0	110,0	5.–	500.–	500.–	550.–
Summe 1)						5 130.–	5 130.–	6 050.–
2) Betonarbeiten								
Sohlenunterbeton	m^3	32,5	32,5	56,0	60.–	1 950.–	1 950.–	1 360.
Sockelbeton	m^3	48,0	48,0	65,6	90.–	4 320.–	4 320.–	5 904.–
Stützenbeton	m^3	7,6	7,6	10,1	150.–	1 140.–	1 140.–	1 515.–
Mittelunterzugbeton	m^3	7,5	7,5	13,1	150.–	1 125.–	1 125.–	1 965.–
Seitenunterzugbeton	m^3	4,6	5,9	7,6	150.–	690.–	885.–	1 140.–
Fahrbahnplattenbeton	m^3	43,0	46,0	56,5	200.–	8 600.–	9 200.–	11 300.–
Rundstahl	t	10,4	12,1	13,0	800.–	8 320.–	9 680.–	10 400.–
Betonanstrich unter Erde	m^2	88,	88,0	107,0	8.–	704.–	704.–	856.–
Dichtung Fahrbahnplatte	m^2	81,5	87,0	100,0	13.–	1 060.–	1 131.–	1 300.–
Entwässerung	m	10,0	10,0	10,0	80.–	800.–	800.–	800.–
Summe 2)						28 709.–	30 935.–	38 540.–
Summe 1) + 2)						33 839.–	36 065.–	44 590.–
3) Baustelleneinrichtung, Nebenarbeiten, Frachten (15 % von 1) + 2))						5 076.–	5 410.–	6 689.–
Erschwernisse der Bauarbeiten durch den Straßenverkehr 1)						5 000.–	4 000.–	–
Summe 3)						10 076.–	9 410.–	6 689.–
Summe 2) + 3)						38 785.–	40 345.–	45 229.–
Insgesamt						43 915.–	45 475.–	51 279.–

1) Strab u. U-Bahn: Annahmen
S-Bahn: Position entfällt, da Anlage einer S-Bahn in Hochlage wegen der großen Halbmesser nur in breiten und geradlinig verlaufenden Straßenzügen möglich.

Tabelle 29. Hochbahn auf Pfeilern, Baukosten des Bahnkörpers

Raumlage der Bahn	Abstand der Straßenkreuzungen	Abmessungen der Überwege Breite: 3 Fahrspuren = 9,0 m 2 Gehwege = 5,0 m					Baukosten in M je					
		Gegenstand	Schnellstraßenbahn	U-Bahn	S-Bahn	Einheitspreise	Überweg			Strecken-km		
							Schnellstraßenbahn	U-Bahn	S-Bahn	Straßenbahn	U-Bahn	S-Bahn
1	2	3	4	5	6	7	8	9	1o	11	12	13
Geländebahn												
Besonderer Bahnkörper Straßenraum	35o	Fahrbahn m^2 Gehweg m^2	77 43	– –	– –	38.– 2o.–	378o.–	–	–	1o8oo.–	–	–
Eigener Bahnkörper außerhalb der Straße	12oo	Fahrbahn m^2 Gehweg m^2 Bordstein m 2(16.5o–9,oo)	148 82 15	– – –	– – –	12.– 7.– 2o.–	265o.–	–	–	221o.–	–	–
Offene Tiefbahn												
Böschungen	12oo	Brücke: Länge m	29,5	21,9o	32,8o	45o.– M/qm =63oo.–/1fdm	186ooo.–	138ooo.–	2o7ooo.–	155ooo.–	115ooo.–	173ooo.–
Stützmauern	6oo	Brücke: Länge m (nur Fahrbahnplatte)	9,o	9,3o	11,oo	32o.– M/qm =45oo.–/1fdm	41ooo.–	42ooo.–	5oooo.–	69ooo.–	7oooo.–	84ooo.–
Hochbahn												
Damm	12oo	Brücke: Länge m	–	8,6o	9,8o	5oo.– M/qm =7ooo.–/1fdm	–	74ooo.–	83ooo.–	–	62ooo.–	69ooo.–
		Flügelmauern: Länge m	–	16,8o	17,6o	8oo.– M/ m						
Stützmauern	6oo	Brücke: Länge m (nur Fahrbahnplatte)		7,45	9,15	35o.– M/qm =49oo.–/1fdm	–	37ooo.–	45ooo.–	–	62ooo.–	75ooo.–

Tabelle 3o. Baukosten der Wegübergänge und der Strassenunter- und Überführungen

Gegenstand	Innenstadt Vorstadt		Aussenbezirke	
1	2	3	4	5
Annahme für die notwendige Anlage von Seitenwegen bei U- und S-Bahn	m/Strecken-km			
Geländebahn ausserhalb der Strasse	-		5oo	

Offene Tiefbahn
  Böschungen
  Stützmauern
	-
	25o
			5oo
			-	

Hochbahn
  Damm
  Stützmauern
	-
	25o
			5oo
			-	

Straßenbreiten m
  Fahrbahn
  Gehwege
	8.5o
	6.oo
			5.5o
			5.oo	

Straßenbaukosten/lfdm ohne Grunderwerb und städtische Leitungen	Ein-heits-preis DM/qm	Betrag DM	Ein-heits-preis DM/qm	Betrag
Planierarbeiten	8.-	116.-	8.-	84.-

Fahrbahn:
  Unterbeton, Hartasphalt
  Packlage, Oberflächen-teerung
	38.-
	-
		323.-
		-
			-
			12.-
				-
				66.-

Gehweg:
  Platten
  Teersplitt
	2o.-
	-
		12o.-
		-
			-
			6.-
				-
				3o.-

Insgesamt		559.-		184.-
Kosten in DM/ Strecken-km	140 ooo.-		92 ooo.-	

Tabelle 31. Baukosten der Seitenwege

Brunnenkosten Gegenstand	Freie Strecke	Bahnhof
1	2	3
Abstand der Brunnen m	16	lo
Brunnentiefe m	2o	25
Spitzenleistung m^3/h	56	56
Dauerleistung (7o%) m^3/h	4o	4o
Motorenleistung bei Dauerleistung PS	11	14
Stromverbrauch bei Dauerleistung kWh/h	8	lo
Bauzeit Monate	12	18
Anlagekosten je Brunnen	DM	DM
Brunnen setzen ⌀ 4oo		
Pumpeneinbau		
Brunnen ziehen		
Einbau der Saug- und Druckleitung		
Elektromontage		
An- u. Abfuhr, Nebenleistungen		
Beobachtungsbrunnen	3 5oo.-	4 7oo.-
Betriebskosten		
Baustellenstrompreis = o,15DM/kWh		
Betriebszeit freie Strecke= 85%		
Betriebszeit Bahnhof = 75%		
Stromverbrauch:		
24h. 8kWh.365 Tage.85%= 6o ooo kWh		
24h.1okWh.547 Tage.75%= 1oo ooo kWh		
Stromkosten:		
6o ooo.o,15 DM/kWh	9 ooo.-	
1oo ooo.o,15 DM/kWh		15 ooo.-
Vorhalte- und Bedienungskosten:		
Zuschlag= 14o.-DM/ 1 ooo kWh	8 5oo.-	14 ooo.-
Insgesamt je Brunnen	21 ooo.-	33 7oo.-
Brunnenkosten je m Baugrube	1 3oo.-	3 4oo.-

Tabelle 32. Kosten der Grundwasserabsenkung

Gegenstand	Einheit	Schnell-strassenbahn		U-Bahn		S-Bahn		Einheitspreis 1953	Schnell-Strassenbahn		U-Bahn		S-Bahn	
		Anzahl							Baukosten je lfdm in DM					
		ohne	im	ohne	im	ohne	im		ohne	im	ohne	im	ohne	im
		Grundwasser							Grundwasser					
Bild		8	9	15	16	29	3o	DM	8	9	15	16	29	3o
		a		a		a			a		a		a	
1	2	3	4	5	6	7	8	9	1o	11	12	13	14	15
1) Erd- und Felsarbeiten														
Pflasteraufbruch	m^2	9	9	9	9	11,1	11,5	6.-	54.-	54.-	54.-	54.-	67.-	6o.-
Pflasteranschluss	m^2	2	2	2	2	2	2	3.-	6.-	6.-	6.-	6.-	6.-	6.-
Vorläufiges Reihenpflaster	m^2	11	11	11	11	13,1	13,5	1o.-	11o.-	11o.-	11o.-	11o.-	131.-	135.-
Endgültige Strassendecke	m^2	11	11	11	11	13,1	13,5	38.-	418.-	418.-	418.-	418.-	498.-	513.-
Bodenaushub und Abfuhr	m^3	68	7o	65	67	100	113	6.-	4o8.-	42o.-	39o.-	4o2.-	6oo.-	678.-
Bodenverfüllung	m^3	11	11	13	13	14	14,2	5.-	55.-	55.-	65.-	65.-	7o.-	71.-
Summe									1o51.-	1o63.-	1o43.-	1o55.-	1372.-	1472.-
2) Auszimmerung														
Rammträger	m	9,1	9,2	8,6	8,7	11,4	12,4	75.-	683.-	69o.-	645.-	653.-	855.-	93o.-
Profileisen	t	-	-	-	-	o,45	o,45	7oo.-	-	-	-	-	315.-	315.-
Ausbohlung	m^3	o,85	o,85	o,8	o,8	o,95	o,95	28o.-	238.-	238.-	224.-	224.-	266.-	266.-
Steifen einschl. umstützen	m^2	13,o	13,o	13,o	13,o	13,o	13,o	15.-	195.-	195.-	195.-	195.-	195.-	195.-
Fahrbahnbrücke (s. Anmerkung)	m^2	9,5	9,5	9,5	9,5	11,5	11,9	7o.-	665.-	665.-	665.-	665.-	8o5.-	833.-
Summe									1781.-	1788.-	1729.-	1737.-	2436.-	2539.-
3) Betonarbeiten einschl. Lehrgerüste														
Wandschutzschicht	m^2	12,7	13,2	11,9	12,1	15,3	17,1	1o.-	127.-	132.-	119.-	121.-	153.-	171.-
Sohlenschutzschicht	m^2	8,4	8,4	8,4	8,4	1o,5	1o,9	1o.-	84.-	84.-	84.-	84.-	1o5.-	1o9.-
Deckenschutzschicht	m^2	8,4	8,4	8,4	8,4	1o,5	1o,9	12.-	95.-	95.-	95.-	95.-	126.-	131.-
2 fache Dichtung	m^2	3o,4	11,2	29,3	11,2	35,7	13,4	1o.-	3o4.-	112.-	293.-	112.-	357.-	134.-
3 fache Dichtung	m^2	-	6,o	-	6,o	-	6,o	13.-	-	78.-	-	78.-	-	78.-
4 fache Dichtung	m^2	-	12,8	-	11,7	-	18,9	16.-	-	2o5.-	-	187.-	-	3o2.-
Sohlenbeton	m^3	4,4	6,5	4,4	6,5	8,2	14,5	7o.-	3o8.-	455.-	3o8.-	455.-	574.-	1o15.-
Wandbeton	m^3	7,2	7,2	6,3	6,3	8,2	1o,5	8o.-	576.-	576.-	5o4.-	5o4.-	656.-	84o.-
Deckenbeton	m^3	5,5	5,5	5,5	5,5	8,2	11,o	1oo.-	55o.-	55o.-	55o.-	55o.-	82o.-	11oo.-
Rundstahl	t	o,8	o,7	o,8	o,7	1,o	o,7	8oo.-	64o.-	56o.-	64o.-	56o.-	8oo.-	56o.-
Summe									2684.-	2847.-	2593.-	2746.-	3591.-	4431.-
4) Baustelleneinrichtung, (Summe 1-3)									5516.-	5698.-	5365.-	5538.-	7399.-	8442.-
Nebenarbeiten, Frachten (15% von Summe 1 - 3)									827.-	855.-	8o5.-	831.-	111o.-	1266.-
5) Wasserhaltung														
Offene Wasserhaltung	lfdm	1		1		1		5o.-	5o.-	-	5o.-	-	5o.-	-
Grundwasserabsenkung	lfdm		1		1		1	13oo.-	-	13oo.-	-	13oo.-	-	13oo.-
Insgesamt									6393.-	7853.-	622o.-	7669.-	8559.-	11oo8.-

Anmerkung Fahrbahnbrücke:
1) Fahrbahnbrücke für mittelschweren Kraftfahrzeugverkehr (kein Schwerstverkehr)
   Vorhalten der Stahlkonstruktion und Bohlenabdeckung, Einbau, Unterhaltung, Ausbau = 7o.-DM/m^2
2) 2-gleisige Strassenbahnstrecke auf Fahrbahnbrücke (Gleise bleiben in ihrer ursprünglichen Lage)
   Gleise abfangen und verlegen, kleinere Änderungen an Oberleitung, Rückbau = 5o.-DM/lfdm
3) Anrampung einer 2-gleisigen Strassenbahnstrecke auf o,7o m Höhendifferenz
   Heben der Gleise, Umspannen der Oberleitung, Rückbau = 6o.-DM/lfdm

Tabelle 33. Unterpflasterbahn (Baugrube: Rammträgerbohlwand mit Fahrbahnabdeckung), Rohbaukosten des Tunnels

Gegenstand	Schnell-strassenbahn		U-Bahn		S-Bahn	
	Baukosten je lfdm in DM					
	ohne	im	ohne	im	ohne	im
Bild	Grundwasser					
	8	9	15	16	29	3o
	b		b		b	
1	2	3	4	5	6	7
1) Erd- und Felsarbeiten	1o5i.-	1o63.-	1o43.-	1o55.-	1372.-	1472.-
2) Auszimmerung	1731.-	1788.-	1729.-	1737.-	2436.-	2539.-
abzügl. Fahrbahnbrücke, zuzügl. 1 Steifenlage (7o,o-4,o)	627.-	627.-	627.-	627.-	759.-	785.-
Summe	1154.-	1161.-	11o2.-	111o.-	1677.-	1754.-
3) Betonarbeiten	2684.-	2847.-	2593.-	2746.-	3591.-	4431.-
(Summe 1) - 3)	4889.-	5o71.-	4738.-	4911.-	664o.-	7657.-
4) Baustelleneinrichtung Nebenarbeiten (15% Summe 1-3)	733.-	761.-	711.-	737.-	996.-	1149.-
5) Wasserhaltung	5o.-	13oo.-	5o.-	13oo.-	5o.-	13oo.-
Insgesamt	5672.-	7132.-	5499.-	6948.-	7686.-	1o1o6.-

Tabelle 34. Unterpflasterbahn (Baugrube: Rammträgerbohlwand ohne Fahrbahnabdeckung) Rohbaukosten des Tunnels

Gegenstand	Ein-heit	Schnell-strassenbahn		U-Bahn		S-Bahn		Ein-heits-preis 1953	Schnell-strassenbahn		U-Bahn		S-Bahn	
		Anzahl							Baukosten je m in DM					
		ohne	im	ohne	im	ohne	im		ohne	im	ohne	im	ohne	im
		Grundwasser							Grundwasser					
Bild		8	9	15	16	29	30	DM	8	9	15	16	29	30
		c		c		c			c		c		c	
1	2	3	4	5	6	7	8	9	1o	11	12	13	14	15
1) Erd- und Felsarbeiten														
Pflasteraufbruch	m²	19,0	19,2	18,4	18,5	22,4	23,9	6.-	114.-	115.-	11o.-	111.-	134.-	143.-
Pflasteranschluss	m²	2,0	2,0	2,0	2,0	2,0	2,0	3.-	6.-	6.-	6.-	6.-	6.-	6.-
Vorläufiges Reihenpflaster	m²	21,0	21,2	2o,4	2o,5	24,4	25,9	1o.-	21o.-	212.-	2o4.-	2o5.-	244.-	259.-
Endgültige Strassendecke	m²	21,0	21,2	2o,4	2o,5	24,4	25,9	38.-	798.-	8o6.-	775.-	779.-	927.-	984.-
Bodenaushub und Abfuhr	m³	114,0	118,0	1o4,0	1o7,0	156,0	181,0	6.-	684.-	7o8.-	624.-	642.-	936.-	1o86.-
Bodenverfüllung	m³	53,0	54,0	49,0	51,0	71,0	83,0	5.-	265.-	27o.-	245.-	255.-	355.-	415.-
Summe									2o77.-	2117.-	1964.-	1998.-	2572.-	2893.-
2) Auszimmerung									-	-	-	-	-	-
3) Betonarbeiten einschl. Lehrgerüste lt. Tabelle Zuschläge									2684.-	2847.-	2593.-	2746.-	3591.-	4431.-
Wandschutzschicht	m²	12,7	13,2	11,9	12,1	15,3	17,1	4.-	51.-	53.-	38.-	48.-	61.-	68.-
Wandbeton	m³	7,2	7,2	6,3	6,3	8,2	1o,5	1o.-	72.-	72.-	63.-	63.-	82.-	1o5.-
Summe									28o7.-	2972.-	2694.-	2857.-	3734.-	46o4.-
(Summe 1-3									4884.-	5o89.-	4658.-	4855.-	63o6.-	7497.-)
4) Baustelleneinrichtung Nebenarbeiten (15% von 1-3)									733.-	763.-	699.-	728.-	946.-	1125.-
5) Wasserhaltung									5o.-	13oo.-	5o.-	13oo.-	5o.-	13oo.-
Insgesamt									5667.-	7152.-	54o7.-	6883.-	73o2.-	9922.-

Tabelle 35. Unterpflasterbahn (Baugrube mit Böschungen), Rohbaukosten des Tunnels

Gegenstand	Ein-heit	Schnell-strassenbahn		U-Bahn		S-Bahn		Ein-heits-preis 1953	Schnell-strassenbahn		U-Bahn		S-Bahn	
		Anzahl							Baukosten je m in M					
		ohne	im	ohne	im	ohne	im		ohne	im	ohne	im	ohne	im
		Grundwasser							Grundwasser					
Bild		8	9	15	16	29	3o	M	8	9	15	16	29	3o
1	2	3	4	5	6	7	8	9	1o	11	12	13	14	15
1) Erd- und Felsarbeiten														
Pflasterarbeiten	m²	16,0	16,1	15,4	15,5	19,0	2o,4	6.-	96.-	97.-	92.-	93.-	114.-	122.-
Pflasteranschluss	m²	2,0	2,0	2,0	2,0	2,0	2,0	3.-	6.-	6.-	6.-	6.-	6.-	6.-
Vorläufiges Reihenpflaster	m²	18,0	18,1	17,4	17,5	21,0	22,4	1o.-	18o.-	181.-	17.-	18.-	21o.-	224.-
Endgültige Strassendecke	m³	18,0	18,1	17,4	17,5	21,0	22,4	38.-	684.-	689.-	661.-	665.-	798.-	851.-
Bodenaushub u. Abfuhr- 3km	m³	90,0	93,0	82,0	84,0	126,0	149,0	6.5o	585.-	6o5.-	533.-	546.-	819.-	969.-
Bodenverfüllung	m³	29,0	30,0	27,0	28,0	41,0	51,0	5.-	145.-	15o.-	135.-	14o.-	2o5.-	255.-
Summe									1696.-	1728.-	1444.-	1468.-	2152.-	2427.-
2) Auszimmerung														
Abstützung der Abschachtung	lfdm	2	2	2	2	2	2	1o.-	2o.-	2o.-	2o.-	2o.-	2o.-	2o.-
3) Betonarbeiten einschl. Lehrgerüste lt. Tabelle 33									2684.-	2847.-	2593.-	2746.-	3591.-	4431.-
Zuschläge: Wandschutzschicht	m²	12,7	13,2	11,9	12,1	15,3	17,1	4.-	51.-	53.-	38.-	48.-	61.-	68.-
Wandbeton	m³	7,2	7,2	6,3	6,3	8,2	1o,5	1o.-	72.-	72.-	63.-	63.-	82.-	1o5.-
Summe									28o7.-	2972.-	2694.-	2857.-	3734.-	46o4.-
(Summe 1-3)									4523.-	472o.-	415o.-	4345.-	59o6.-	7o51.-
4) Baustelleneinrichtung Nebenarbeiten (15% v. 1-3)									678.-	7o8.-	624.-	652.-	886.-	1o58.-
5) Wasserhaltung									5o.-	13oo.-	5o.-	13oo.-	5o.-	13oo.-
Insgesamt									5251.-	6728.-	4832.-	6297.-	6842.-	94o9.-

Tabelle 36. Unterpflasterbahn (Baugrube mit Böschungen und Abschachtung), Rohbaukosten des Tunnels

Gegenstand	Baukosten je m Unterwassertunnel in DM			
	Bauweise der Flußunterfahrung			
	Offene Baugrube zwischen Fangedämmen		Künstliche Flußsohle auf Senkkastenmauern	
	U–Bahn	S–Bahn	U–Bahn	S–Bahn
1	2	3	4	5
1) Fangedämme	5 600.–	5 600.–		
2) Spundwände bzw. Rammträgerbohlwände	1 800.–	2 600.–		
3) Künstliche Flußsohle auf Senkkästen			24 000.–	25 000.–
4) Grundwasserabsenkung	1 600.–	1 800.–		
Summe 1) + 4)	7 200.–	7 400.–		
5) Dichtung der Schutzdecke und Wasserhaltung			800.–	800.–
Summe 3) + 5)			24 800.–	25 800.–
6) Erdarbeiten	1 100.–	1 500.–	1 200.–	1 600.–
7) Betonarbeiten einschl. Dichtung	3 000.–	4 900.–	3 800.–	5 700.–
8) Baustelleneinrichtung Nebenarbeiten ohne 1) bzw. 3)	1 400.–	1 600.–	1 700.–	1 900.–
Insgesamt	14 500.–	18 000.–	31 500.–	35 000.–

Tabelle 37. Rohbaukosten der Unterwassertunnel (Flußunterfahrung)

Gegenstand	Baukosten in DM je m 2-gleisiger bergmännischer Tunnel			
	Gebirgsstruktur			
	mild – gebräch		hart	
	mittlerer		kein	
	Wasserandrang			
	U–Bahn	S–Bahn	U–Bahn	S–Bahn
1	2	3	4	5
Ausbruchquerschnitt m^2	83	1o7	57	77
Betonquerschnitt m^2	41	48	12	15
Kostenanschlag:				
1) Lösen, Laden, Fördern	3 1oo.-	4 000.-	3 ooo.-	3 9oo.-
2) Auszimmerung	1 7oo.-	2 400.-	7oo.-	1 ooo.-
3) Beton und Dichtungsarbeiten	4 1oo.-	4 8oo.-	1 6oo.-	1 8oo.-
4) Baustelleneinrichtung Nebenarbeiten	1 3oo.-	1 4oo.-	1 1oo.-	1 2oo.-
5) Wasserhaltung bzw. -abführung	3oo.-	4oo.-	1oo.-	1oo.-
Insgesamt	1o 5oo.-	13 ooo.-	6 5oo.-	8 ooo.-

Tabelle 38. Rohbaukosten der bergmännischen Tunnel

Gegenstand	DM je m Gleis	Schnellstraßenbahn — 1 m‑Spur, Bahn in der Straße ohne besonderen Bahnkörper	Schnellstraßenbahn — 1 m‑Spur, Bahn in der Straße mit besonderen Bahnkörper	Schnellstraßenbahn — Normalspur, Bahn in der Straße mit besonderen Bahnkörper	Schnellstraßenbahn — Normalspur, Bahn mit eigenem Bahnkörper	Schnellstraßenbahn — Normalspur, Tunnel	U‑Bahn, Freie Strecke	U‑Bahn, Tunnel	S‑Bahn, Freie Strecke	S‑Bahn, Tunnel
1	2	3	4	5	6	7	8	9	10	11
1) Bettungsstoffe je m 2‑gleisige Strecke										
Gleisabstand m	2,50 bzw. 3,00	3,00	3,00	3,00	3,00	3,40	3,25	3,55	4,00	3,75
Bettungshöhe m		-	-	0,35	0,35	0,45	0,45	0,45	0,45	0,55
Bettungsmenge m³, (Stahlschwellen)		-	-	(1,9)	(1,9)	(2,8)	(2,8)	(3,6)	(3,2)	(4,0)
Holzschwellen		-	-	1,7	1,7	2,5	2,5	3,3	2,9	3,7
Beschaffungskosten einschl. Fracht										
Schotter (7,60 DM/t = 11,40 DM/m³)		-	-	19,38	19,38	28,50	28,50	37,62	33,00	42,20
Schlacken und Grus für Gehwege (4,- DM/m³)		-	-	-	2,00	2,00	2,00	2,00	2,00	2,00
Summe 1)		-	-	19,38	21,38	30,50	30,50	39,62	35,00	44,20
2) Oberbaustoffe										
a) Oberbauform innerhalb des Straßenverkehrsraums:										
Rillenschienen Ph 38: 120 t/km ⎫ einschl. Fracht	80,00	160,00	160,00							
500 Spurstangen: 5 t/km ⎬ und Ausladen	4,00	-	8,00							
4 t/km ⎭	2,50	5,00	-							
Kleineisen	0,50	1,00	1,00							
zus.		166,00	169,00							
Zuschläge für Weichen, Kreuzungen, Gleisentwässerung	20,00	40,00	40,00							
b) Oberbauform außerhalb des Straßenverkehrsraums:										
Form K49 $\frac{Br + 45\,H}{30}$ Schienen	44,90									
Schwellen	33,30									
Kleineisen	28,70									
Zwischenlagen	0,60									
zus.	107,50			215,00	215,00	215,00	215,00	215,00	215,00	215,00
Summe 2)		206,00	209,00	215,00	215,00	215,00	215,00	215,00	215,00	215,00
3) Verlegen des Oberbaus										
a) innerhalb des Straßenverkehrsraums:										
Asphaltstraße mit ausgepflasterter Gleiszone / Gleisverlegung auf Betonunterbau / Stoßschweißung	1 m‑Spur =220,00 Normalspur =240,00	440,00	480,00							
b) außerhalb des Straßenverkehrsraums:										
Schlacken + Grus für Gehwege (4, · t/km) oder	1,00			-	2,00	2,00	2,00	2,00	2,00	2,00
Randbefestigung gegen Straße (1,5 m²/m · 10,0)	15,00			30,00	-	-	-	-	-	-
Schotter: Ausladen + Fördern 3,50 DM/m³				5,95	5,95	8,75	8,75	11,55	10,15	12,95
Planieren + Verdichten 4,50 DM/m³				7,65	7,65	11,25	11,25	14,85	13,05	16,55
Oberbau: Betriebsfertige Verlegung	12,00			24,00	24,00	24,00	24,00	24,00	24,00	24,00
Durcharbeiten nach Inbetriebnahme	6,50			13,00	13,00	13,00	13,00	13,00	13,00	13,00
Summe 3)		440,00	480,00	80,60	52,60	59,00	59,00	65,40	62,20	68,50
Summe 1) + 2) + 3) (volle DM)		646,00	689,00	315,00	289,00	305,00	305,00	320,00	312,00	328,00

Tabelle 39. Kosten für die Beschaffung und Verlegung des Oberbaus

Gegenstand	Raumlage der Bahn	Schnell-straßenbahn	U-Bahn	S-Bahn
		Kosten in 1000 DM je Einheit		
1	2	3	4	5
1 Selbsttätiges zugbedientes Signal: Lieferung, Kabel, Einbau	Tiefbahn zwischen Stützmauern Hochbahn (Pfeilerbahn) Unterpflasterbahn	7,0	–	–
1 Vollautomatisches Einfahrsignal – selbsttätige Streckenblockung – mit Anschluß im Zentralstellwerk: Lieferung, Kabel, Einbau	Geländebahn, Tiefbahn mit Böschungen, Hochbahn (Dammbahn)	–	–	38,5
	Tiefbahn zwischen Stützmauern, Hochbahn auf Stützmauern	–	–	36,5
	Hochbahn (Pfeilerbahn)	–	–	35,0
	Unterpflasterbahn, Flußunterfahrung, Röhrenbahn	–	–	37,5
	Tunnelbahn (bergmännischer Tunnel)	–	–	35,0
1 Vollautomatisches Signal – selbsttätige Streckenblockung – ohne Anschluß im Zentralstellwerk: Lieferung, Kabel, Einbau	Geländebahn, Tiefbahn mit Böschungen, Hochbahn (Dammbahn)	–	33,5	35,0
	Tiefbahn zwischen Stützmauern, Hochbahn auf Stützmauern	–	32,0	32,5
	Hochbahn (Pfeilerbahn)	–	31,5	32,0
	Unterpflasterbahn, Flußunterfahrung, Röhrenbahn	–	31,0	33,8
	Tunnelbahn (bergmännischer Tunnel)	–	31,0	32,0
1 Weichenanschluß		–	7,0	15,0

Tabelle 40. Einheitskosten für Signalanlagen

Bahnart / Gegenstand	Ein-heit	An-zahl	Einzel-kosten 1000 DM	Gesamt-kosten 1000 DM	Ein-heit	An-zahl	Einzel-kosten 1000 DM	Gesamt-kosten 1000 DM	Ein-heit	An-zahl	Einzel-kosten 1000 DM	Gesamt-kosten 1000 DM	Ein-heit	An-zahl	Einzel-kosten 1000 DM	Gesamt-kosten 1000 DM	Ein-heit	An-zahl	Einzel-kosten 1000 DM	Gesamt-kosten 1000 DM
1	2	3	4	5	6	7	8	9	10	11	12	13	14	15	16	17	18	19	20	21
1) Schnellstraßenbahn					Tiefbahn zwischen Stützmauern				Hochbahn (Pfeilerbahn)				Unterpflasterbahn							
Signale					Stck	2	7	14	Stck	2	7	14	Stck	4	7	28				
1 Streckenabschnitt					Stck	2		14	Stck	2		14	Stck	4		28				
Bahnhofsabstand					m	400			m	500			m	500						
Bahnhöfe je km Strecke					Stck	2,5			Stck	2			Stck	2						
1 Strecken-km								35				28				56				
2) U-Bahn	Geländebahn Tiefbahn mit Böschungen Hochbahn (Dammbahn)				Tiefbahn zwischen Stützmauern				Hochbahn (Pfeilerbahn)				Unterpflasterbahn Flußunterfahrung Röhrenbahn				Tunnelbahn (bergm. Tunnel)			
	Kehrgleis auf jedem 10. Bahnhof				Kehrgleis auf jedem 8. Bahnhof				Kehrgleis auf jedem 6. Bahnhof				Kehrgleis auf jedem 4. Bahnhof							
Einfahrsignale	Stck	2	33,5	67	Stck	2	32	64	Stck	2	31,5	63	Stck	2	31	62	Stck	2	31	62
Sonstige Signale	Stck	4	33,5	134	Stck	6	32	192	Stck	6	31,5	189	Stck	6	31	186	Stck	6	31	186
Stellwerksgebäude				6				6				7				8				8
1 Streckenabschnitt	Stck	6		207	Stck	8		262	Stck	8		259	Stck	8		256	Stck	8		256
Fernbediente Weichen	Stck	3	7	21	Stck	3	7	21	Stck	3	7	21	Stck	3	7	21	Stck	3	7	21
Stellwerksgebäude				19				11				15				15				17
Streckenabschnitt + Bahnhof mit Kehrgleis				247				294				295				292				294
Streckenabschnitt + Bahnhof mit Kehrgleisanteil				211				266				265				265				266
Bahnhofsabstand	m	1200			m	700			m	650			m	650			m	700		
Bahnhöfe je km	Stck	0,84			Stck	1,43			Stck	1,54			Stck	1,54			Stck	1,43		
1 Strecken-km				177				380				408				408				380
3) S-Bahn	Geländebahn Tiefbahn mit Böschungen Hochbahn (Dammbahn)				Tiefbahn zwischen Stützmauern				Hochbahn (Pfeilerbahn)				Unterpflasterbahn Flußunterfahrung Röhrenbahn				Tunnelbahn (bergm. Tunnel)			
	Kehrgleis auf jedem 8. Bahnhof				Kehrgleis auf jedem 6. Bahnhof				Kehrgleis auf jedem 4. Bahnhof											
Einfahrsignale	Stck	2	38,5	77	Stck	2	36,5	73	Stck	2	35	70	Stck	2	37,5	75	Stck	2	35	70
Sonstige Signale	Stck	6	35,0	210	Stck	6	32,5	195	Stck	6	32	192	Stck	6	33,8	203	Stck	6	32	192
Stellwerksgebäude				8				8				9				10				9
1 Streckenabschnitt	Stck	8		295	Stck	8		276	Stck	8		271	Stck	8		288	Stck	8		271
Fernbediente Weichen	Stck	3	15	45	Stck	3	15	45	Stck	3	15	45	Stck	3	15	45	Stck	3	15	45
Stellwerksgebäude				19				15				15				19				15
Streckenabschnitt + Bahnhof mit Kehrgleis				359				336				331				352				331
Streckenabschnitt + Bahnhof mit Kehrgleisanteil				303				286				286				304				286
Bahnhofsabstand	m	1500			m	1000			m	800			m	800			m	1000		
Bahnhöfe je km	Stck	0,67			Stck	1			Stck	1,25			Stck	1,25			Stck	1		
1 Strecken-km				203				286				358				380				286

Tabelle 41. Kosten der Signalanlagen und anteilige Kosten je km 2-gleisige Strecke

Anlagekosten

Vorbemerkung:

Um bei der unheitlichen Art der elektrischen Strecken-
ausrüstung (Stromversorgung, Spannung, Stromverteilung,
Fahrleitungen) in den verschiedenen Großstädten für den
Vergleich einen zuverlässigen Mittelwert zu erhalten,
wird auf die von Pohl (a.a.O.,S.66) für 5 großstädtische
Straßenbahnbetriebe angegebenen Zahlen zurückgegriffen.

Ergebnis:

Betriebslänge der 5 Straßenbahnbetriebe 743 km

Anlagewert der gesamten el.Streckenaus- 1938 = 26,3 Mio RM
rüstung und Sicherungsanlagen   1953 = 60,5 Mio DM

Anlagekosten je km 2-gleisige Strecke   1953 = 82 000.- DM

Tabelle 42. Anlagekosten der elektrischen Streckenausrüstung
und Sicherungsanlagen der Straßenbahnen

Gegenstand	Ein-heit	Geländebahn						
		Schnellstraßenbahn						
		innerhalb		außer-halb	Ein-heits-preis	innerhalb		außer-halb
		des Straßenraums				des Straßenraums		
		ohne	mit			ohne	mit	
		besonderem	eigenem			besonderem	eigenem	
		Bahnkörper				Bahnkörper		
		Außenbahnsteige (m)						
		6o.1,5	6o.1,5	3o.1,5				
		Anzahl			DM	Baukosten DM		
1	2	3	4	5	6	7	8	9
1 Bahnsteig:								
Drainrohre, liefern + verlegen	m³	–	–	6o	1.–	–	–	6o.–
Kies, liefern + einbauen	m³	–	–	7	2o.–	–	–	14o.–
Schlacke, liefern + einbauen	m³	–	–	4o	8.–	–	–	32o.–
Straßenaufbruch und Wiederherstellung	m³	123	63	–	2.5o	3o8.–	158.–	–
Bodenaushub	m³	1o	5	5	1o.–	1oo.–	5o.–	5o.–
Unterbeton für Randsteine	m³	9	4	9	8o.–	72o.–	32o.–	72o.–
Randsteine	m²	123	63	6o	6.–	738.–	378.–	36o.–
Bahnsteigbefestigung (7 cm Schotter, 3 cm Teerdecke)	m²	9o	9o	45	7.–	63o.–	63o.–	315.–
Summe						2 496.–	1 536.–	1 965.–
Baustelleneinrichtung und Nebenarbeiten (15%)						354.–	214.–	295.–
Wartehalle (15qm)	m³	–	–	48	3o.–			1 44o.–
Insgesamt						2 85o.–	1 75o.–	3 7oo.–
Haltestelle (Zuschlag zu den Kosten der durchgehenden Strecke)						5 7oo.–	3 5oo.–	7 4oo.–
Durchgehende 2-gleisige Strecke	m	–	–	3o	93.–	–	–	2 8oo.–
Haltestelle (Gesamte Rohbaukosten)						5 7oo.–	3 5oo.–	1o 2oo.–

Tabelle 43. Geländebahn mit besonderem und eigenem Bahnkörper, Baukosten der Haltestellen

Gegenstand	Ein-heit	Geländebahn ausserhalb des Strassenraums		Ein-heits-preis	Schienenfreier Zugang durch Unterführung Mitteltreppen	
		U-Bahn	S-Bahn		U-Bahn	S-Bahn
		Aussen-bahnsteige			Aussen-bahnsteige	
		120.4m	160.4m			
		Empfangsgebäude			Empfangsgebäude	
		240 qm	300 qm		Baukosten DM	
		Anzahl				
1	2	3	4	5	6	7
1 Bahnsteig:						
Drainrohre liefern u. verlegen	m^3	U-Bahn	320	1,30		420.-
Kies liefern u. einbauen	m^3	S-Bahn	28	22.-		620.-
Bodenaushub Fundamente Bahnsteig einschl. Einbau in den Bahnsteig	m^3		170	5.-		850.-
Beton für Bahnsteigmauern gleisseitig 160.1,75.0.50	m^3		140	80.-		11 400.-
strassenseitig 160.1,50.0.45	m^3		108	80.-		8 660.-
Entwässerung	m^3		160	10.-		1 600.-
Boden in Bahnsteig einbauen	m^3		300	6.50		1 950.-
Bahnsteigdecke einschl. Vorlage	m^2		600	15.-		9 000.-
Summe						34 500.-
Baustelleneinrichtung+Nebenarbeiten 15%						5 200.-
1 Bahnsteig						39 700.-
2 Bahnsteige		$\frac{120}{160}$			60 000.-	80 000.-
Treppenanlage:						
Bodenaushub	m^3		370	10.-		3 700.-
Fundamentbeton einschl. Treppen	m^3		60	50.-		3 000.-
Aufgehender Beton	m^3		170	80.-		13 600.-
Deckenbeton	m^3		30	100.-		3 000.-
Rundstahl	t		1	800.-		800.-
Beton der Treppenstufen	m^3		28	80.-		2 240.-
Unterbeton	m^2		53	8.-		430.-
Treppen u. Tunnelbelag	m^2		87	10.-		870.-
Deckenschutzschicht	m^2		50	10.-		500.-
Dichtung	m^2		270	12.-		3 240.-
Brüstung	m		58	40.-		2 320.-
Entwässerung des Tunnels	-		-	-		3 000.-
Summe						36 700.-
Baustelleneinrichtung+Nebenarbeiten 15%						5 300.-
Treppenanlage		1/1			42 000.-	42 000.-
2 Bahnsteigüberdachungen	m^2	300	400	170.-	51 000.-	68 000.-
Empfangsgebäude einschl. Innenausbau	m^3	1200	1500	80.-	96 000.-	120 000.-
Bahnhof (Zuschlag zu den Kosten der durchgehenden Strecke)					249 000.-	310 000.-
Durchgehende 2-gleisige Strecke	m	120		89.-	11 000.-	
	m		160	106.-		17 000.-
Bahnhof (Gesamte Rohbaukosten)					260 000.-	327 000.-

Tabelle 44. Geländebahn mit eigenem Bahnkörper, Baukosten der Bahnhöfe

Gegenstand	Einheit	Offene Tiefbahn mit Böschungen Schnellstraßenbahn: Zugang von Straßenbrücke, 2 Endtreppen U- und S-Bahn: Empfangsgebäude in Brückenlage, 2 Mitteltreppen						
		Schnellstraßenbahn	U-Bahn	S-Bahn	Einheitspreis M	Schnellstraßenbahn	U-Bahn	S-Bahn
		2 Aussenbahnsteige 30.3m	120.4m	160.4m		2 Aussenbahnsteige		
		Empfangsgebäude: -	240 qm	300 qm		Empfangsgebäude		
		Anzahl				Baukosten		
1	2	3	4	5	6	7	8	9
1 Bahnsteig:								
Entwässerungsrohre	m³	30	U-Bahn	160	20.-	600.-		3 200.-
Bodenaushub Fundamente Bahnsteig	m³	10	S-Bahn	50	10.-	100.-		500.-
Beton für Bahnsteigmauern	m³	12		150	80.-	960.-		12 000.-
Randsteine	m	30		160	10.-	300.-		1 600.-
Bahnsteigdecke	m²	90			6.-	540.-		
	m²			640	15.-			9 600.-
Summe						2 500.-		26 900.-
Baustelleneinrichtung, Nebenarbeiten (15%)						325.-		4 100.-
1 Bahnsteig						2 875.-		31 000.-
2 Bahnsteige			120 / 160			5 700.-	47 000.-	62 000.-
Treppenanlage (2Treppen)								
Fundamentaushub	m³	8		8	10.-	80.-		80.-
Fundamentbeton	m³	8		8	50.-	400.-		400.-
Beton der Treppenwangen einschl. Rundstahl	m³	18		20	120.-	2 160.-		2 400.-
Beton der Treppen einschl. Rundstahl	m³	14		16	100.-	1 400.-		1 600.-
Treppenbelag	m²	60		65	35.-	2 100.-		2 300.-
Treppenüberdachung einschl. Geländer	m²	-		65	120.-	-		7 800.-
Summe						6 140.-		14 580.-
Baustelleneinrichtung, Nebenarbeiten (15%)			Höhen: 5,13-0,96 3,80-0,96			760.-		2 420.-
Treppenanlage						6 900.-	12 000.-	17 000.-
2 Bahnsteigüberdachungen	m²	30		-	100.-	3 000.-	-	-
	m²	-	300	400	170.-	-	51 000.-	68 000.-
Empfangsgebäude, Gründung:								
Fundamentaushub	m³			250	10.-			2 500.-
Fundamentbeton Stütz- und Flügelmauern	m³			250	50.-			12 500.-
Beton Stützmauern	m³			260	80.-			20 800.-
Beton Flügelmauern	m³			170	80.-			13 600.-
Bodenverfüllung zwischen den Stützmauern	m³			500	10.-			5 000.-
Zugang zum Empfangsgebäude	m²			80	15.-			1 200.-
Geländer	m			15	40.-			600.-
Platte des Gebäudes (Zuschlag)	m²			300	100.-			30 000.-
Summe								86 200.-
Baustelleneinrichtung, Nebenarbeiten (15%)								12 800.-
Empfangsgebäude, Gründung:			240 / 300			-	80 000.-	99 000.-
Empfangsgebäude einschl. Innenausbau	m³		240 / 300	1 500	80.-	-	96 000.-	120 000.-
Haltestelle bzw. Bahnhof (Zuschlag zu den Kosten der durchgehenden Strecke)						15 600.-	286 000.-	366 000.-
Durchgehende 2-gleisige Strecke	m	30			838.-	25 400.-		
	m		120		741.-		89 000.-	
	m			160	1029.-			165 000.-
Haltestelle bzw. Bahnhof (Gesamte Rohbaukosten)						41 000.-	375 000.-	531 000.-

Tabelle 45 Offene Tiefbahn im Einschnitt, Baukosten der Bahnhöfe

Gegenstand	Einheit	Schnellstraßenbahn	U-Bahn	S-Bahn	Einheitspreis M	Schnellstraßenbahn	U-Bahn	S-Bahn
		Offene Tiefbahn zwischen Stützmauern						
		Schnellstraßenbahn: Zugang von Straßenbrücke, 2 Endtreppen						
		U-Bahn S-Bahn: Empfangsgebäude in Brückenlage, 4 Mitteltreppen						
		2 Aussenbahnsteige				2 Aussenbahnsteige		
		3o.3m	12o.4m	16o.4m				
		Empfangsgebäude				Empfangsgebäude		
		-	24o qm	3oo qm				
		Anzahl				Baukosten		
1	2	3	4	5	6	7	8	9
1 Bahnsteig:								
Pflasteraufbruch	m²	90	U-Bahn	64o	6.-	54o.-		3 84o.-
Bodenaushub	m³	475	S-Bahn	4 5oo	6.-	2 84o		27 ooo.-
Bodenaushub einschl. Aussteifung+Ausbohlung	m³	35o		4oo	16.-	5 6oo.-		6 4oo.-
Boden verfüllen	m³	4o		6o	5.-	2oo.-		3oo.-
Stützmauer	m³	11o		185	75.-	8 25o.-		13 85o.-
Brüstung	m²	6		8	4o.-	24o.-		32o.-
Bitumenanstrich	m²	4o		6o	4.-	16o.-		24o.-
Packlage	m	2o		3o	5.-	1oo.-		15o.-
Entwässerungsrohre	m	6		8	25.-	15o.-		2oo.-
Wasserhaltung	m³	-		8	5o.-	-		4oo.-
Beton für Randsteine	m	8		-	8o.-	64o.-		-
Randsteine	m³	3o		-	7.5	23o.-		-
Bodenaushub Bahnsteigfundamente	m³	-		5o	1o.-	-		5oo.-
Beton für Bahnsteigmauern	m²	-		14o	8o.-	-		11 4oo.-
Bahnsteigbefestigung	m²	9o			7.-	63o.-		
	m			64o	15.-			9 6oo.-
Summe						19 58o.-		74 2oo.-
Baustelleneinrichtung, Nebenarbeiten (15%)						2 92o.-		11 3oo.-
1 Bahnsteig						22 5oo.-		85 5oo.-
2 Bahnsteige			12o / 16o			45 ooo.-	128 ooo.-	171 ooo.-
Treppenanlage (wie Tiefbahn mit Böschungen abzüglich 1 Treppenwange)						1o ooo.-	2o ooo.-	3o ooo.-
2 Bahnsteigüberdachungen	m²	6o	-	-	1oo.-	6 ooo.-	-	-
	m²	-	3oo	4oo	17o.-	-	51 ooo.-	68 ooo.-
Empfangsgebäude								
Platte des Gebäudes (Zuschlag)	m²		11o	15o	1oo.-	-	11 ooo.-	15 ooo.-
Gebäude einschl. Innenausbau	m³		24o	1 5oo	8o.-	-	96 ooo.-	12o ooo.-
Haltestelle bzw. Bahnhof (Zuschlag für die Kosten der durchgehenden Strecke)						61 ooo.-	3o6 ooo.-	4o4 ooo.-
Durchgehende 2-gleisige Strecke	m	3o			5o16.-	15o ooo.-		
	m		12o		4o21.-		482 ooo.-	
	m			16o	6184.-			99o ooo.-
Haltestelle bzw. Bahnhof (Gesamte Rohbaukosten)						211 ooo.-	788 ooo.-	1 394 ooo.-

Tabelle 46. Offene Tiefbahn zwischen Stützmauern, Baukosten der Bahnhöfe

Gegenstand	Einheit	Schnellstraßenbahn	U-Bahn	S-Bahn	Einheitspreis M	Schnellstraßenbahn	U-Bahn	S-Bahn
		2 Aussenbahnsteige				2 Aussenbahnsteige		
		30.3m	120.4m	160.4m				
		Empfangsgebäude				Empfangsgebäude		
		-	240 qm	300 qm				
		Anzahl				Baukosten M		
1	2	3	4	5	6	7	8	9
1 Bahnsteig:								
Pflasteraufbruch	m²	90		650	6.-	540.-		3 900.-
Rammträger (Mittelrammträger bei S-Bahn bereits vorhanden)	m	104	467	62	75.-	7 800.-	35 000.-	4 650.-
Bodenaushub	m³	665		5 300	6.-	3 990.-		31 800.-
Ausbohlung	m³	2,4		3,4	280.-	670.-		950.-
Aussteifung	m²	155		960	15.-	2 330.-		14 400.-
Sohlenschutzschicht	m²	98		640	10.-	980.-		6 400.-
Wandschutzschicht	m²	43		70	10.-	430.-		700.-
Dichtung, 4-fach	m²	98		678	16.-	1 570.-		10 800.-
3-fach	m²	19		25	13.-	250.-		350.-
2-fach	m²	17		25	10.-	170.-		250.-
Sohlenbeton	m³	95		910	70.-	6 650.-		63 700.-
Wandbeton	m³	28		44	80.-	2 240.-		3 500.-
Brüstung	m	6		8	40.-	240.-		300.-
Rundstahl	t	3		21	800.-	2 400.-		16 800.-
Entwässerungsrohre	m³	6		8	25.-	150.-		200.-
Beton für Bahnsteigmauer	m²	5		64	80.-	400.-		5 100.-
Bahnsteigplatte	m²	90			10.-	900.-		
	m			640	15.-			9 600.-
Summe			U-Bahn / S-Bahn			31 710.-		17 400.-
Baustelleneinrichtung, Nebenarbeiten (15%)						4 540.-		26 100.-
Grundwasserabsenkung	m	30		160	125.- / 200.-	3 750.-		32 000.-
1 Bahnsteig						40 000.-		233 500.-
2 Bahnsteige			120 / 160			80 000.-	385 000.-	467 000.-
Treppenanlage (wie Tiefbahn zwischen Stützmauern)						10 000.-	20 000.-	30 000.-
2 Bahnsteigüberdachungen	m²	60	-	-	100.-	6 000.-	-	
	m²	-	300	400	170.-	-	51 000.-	68 000.-
Empfangsgebäude:								
Platte des Gebäudes (Zuschlag)	m²		110	140	100.-	-	11 000.-	14 000.-
Gebäude einschl. Innenausbau	m³		240 / 300	1 500	80.-	-	96 000.-	120 000.-
Haltestelle bzw. Bahnhof (Zuschlag zu den Kosten der durchgehenden Strecke)						96 000.-	563 000.-	699 000.-
Durchgehende 2-gleisige Strecke	m	30			6041.-	181 000.-		
	m		120		5907.-		710 000.-	
	m			160	8593.-			1 375 000.-
Haltestelle bzw. Bahnhof (Gesamte Rohbaukosten)						277 000.-	1 273 000.-	2 074 000.-

Tabelle 47. Offene Tiefbahn im Trog (Grundwasser), Baukosten der Bahnhöfe

Gegenstand	Einheit	Hochbahn, Dammbahn Bahnsteige auf den Damm aufgesetzt, 2 Mitteltreppen (keine Dammverbreiterung) Empfangsgebäude im Damm		Einheits-preis	Hochbahn, Dammbahn Empfangsgebäude im Damm	
		U-Bahn Aussen-bahnsteige 12o.4m Empfangsgebäude 24o qm	S-Bahn Aussen-bahnsteige 16o.4m Empfangsgebäude 3oo qm		U-Bahn Aussen-bahnsteige Empfangsgebäude	S-Bahn Aussen-bahnsteige Empfangsgebäude
		Anzahl		DM	Baukosten DM	
1	2	3	4	5	6	7
1 Bahnsteig +						
1/2 Empfangsgebäude im Damm						
Fundamentaushub, äußere Stützmauer	m³	U-Bahn	17o	6.-		1 o2o.-
innere Stützmauer	m³	S-Bahn	18	6.-		11o.-
Flügel	m³		8	6.-		5o.-
Pfeiler	m³		8	6.-		5o.-
Beton, Fundamente	m³		2o4	5o.-		1o 2oo.-
Stützmauern	m³		683	75.-		51 5oo.-
Pfeiler	m³		39	9o.-		3 51o.-
Unterzüge einschl. Rundstahl	m²		51	166.-		8 48o.-
Rippendecke	m³		52	3o.-		1 56o.-
Bahnsteigmauern	m²		780	85.-		66 25o.-
Dichtung	m²		222	1o.-		2 22o.-
Bahnsteigplatte	m²		640	2o.-		12 8oo.-
Bahnsteigbelag	m		640	1oo.-		6 4oo.-
Entwässerung	m		5o	255.-		1 25o.-
Summe						165 4oo.-
Baustelleneinrichtung+Nebenarbeiten 15%						25 1oo.-
1 Bahnsteig					143 ooo.-	19o 5oo.-
2 Bahnsteige		12o / 16o			287 ooo.-	381 ooo.-
Treppenanlage:						
Beton, Fundamente	m³		6	5o.-		3oo.-
Wangen	m³		56	8o.-		4 48o.-
Stufen	m³		22	8o.-		1 76o.-
Belag	m²		9o	35.-		3 16o.-
Summe						9 7oo.-
Nebenarbeiten 15%						1 3oo.-
Insgesamt					11 ooo.-	11 ooo.-
2 Bahnsteigüberdachungen	m²	3oo	4oo	17o.-	51 ooo.-	68 ooo.-
Empfangsgebäude Innenausbau	m³	24o / 3oo	1 5oo	4o.-	48 ooo.-	6o ooo.-
Haltestelle bzw. Bahnhof (Zuschlag zu den Kosten der durchgehenden Strecke)					397 ooo.-	52o ooo.-
Durchgehende 2-gleisige Strecke	m	12o		483.-	58 ooo.-	
	m		16o	558.-		9o ooo.-
Haltestelle bzw. Bahnhof (Gesamte Rohbaukosten)					455 ooo.-	61o ooo.-

Tabelle 48. Hochbahn auf einem Damm, Baukosten der Bahnhöfe

Gegenstand	Ein-heit	Hochbahn auf Stützmauern Empfangsgebäude innerhalb der Stützmauer 2 Mitteltreppen		Ein-heits-preis		
		U-Bahn	S-Bahn		U-Bahn	S-Bahn
		Aussen-Bahnsteige			Aussen-bahnsteige	
		120.4m	160.4m			
		Empfangsgebäude			Empfangsgebäude	
		240 qm	300 qm			
		Anzahl		DM	Baukosten	
1	2	3	4	5	6	7
1 Bahnsteig + 1/2 Empfangsgebäude:						
Bodenaushub Pfeiler	m^3	U-Bahn	8	6.-		50.-
Bodeneinbau	m^3	S-Bahn	3 200	8,5		27 200.-
Beton, Fundamente	m^3		lo	50.-		500.-
Stützmauern	m^3		-	-		
Pfeiler	m^3		38	80.-		3 400.-
Unterzüge einschl. Rundstahl	m^2		51	166.-		8 500.-
Rippendecke	m^3		52	30.-		1 550.-
Bahnsteigmauern	m^2		125	85.-		11 300.-
Dichtung	m^2		220	lo.-		2 200.-
Bahnsteigplatte	m^2		640	2o.-		12 800.-
Bahnsteigbelag	m		640	lo.-		6 400.-
Entwässerungsrohre	m		5o	25.-		1 25o.-
Summe						75 15o.-
Baustelleneinrichtung+Nebenarbeiten	15%					lo 35o.-
1 Bahnsteig						85 5oo.-
2 Bahnsteige		$\frac{120}{160}$			128 ooo.-	171 ooo.-
Treppenanlage wie Dammbahn					11 ooo.-	11 ooo.-
2 Bahnsteigüberdachungen	m^2	3oo	4oo	17o.-	51 ooo.-	68 ooo.-
Empfangsgebäude Innenausbau	m^3	$\frac{240}{300}$	1 5oo	4o.-	48 ooo.-	6o ooo.-
Haltestelle bzw. Bahnhof (Zuschlag zu den Kosten der durchgehenden Strecke)					238 ooo.-	31o ooo.-
Durchgehende 2-gleisige Strecke	m	12o		3o28.-	364 ooo.-	
	m		16o	3263.-		523 ooo.-
Haltestelle bzw. Bahnhof (Gesamte Rohbaukosten)					6o2 ooo.-	833 ooo.-

Tabelle 49. Hochbahn auf Stützmauern, Baukosten der Bahnhöfe

Gegenstand	Ein-heit	Schnell-straßen-bahn	U-Bahn	S-Bahn	Ein-heits-preis	Schnell-straßen-bahn	U-Bahn	S-Bahn
		2 Aussenbahnsteige				2 Aussenbahnsteige		
		6o.4m	12o.4m	16o.4m				
		Empfangsgebäude				Empfangsgebäude		
		-	24o qm	3oo qm				
		Anzahl			DM	Baukosten DM		
1	2	3	4	5	6	7	8	9
Pfeilerkonstruktion für Bahnsteige lt. Tabelle 29	m	6o	-	-	4 392.-/2	132 ooo.-	-	-
	m	-	12o	-	4 548.-/2	-	273 ooo.-	-
	m₃	-	-	16o	5 228.-/2	-	-	418 ooo.-
Bahnsteigmauer	m²	4o	96	128	8o.-	3 2oo.-	7 7oo.-	1o 2oo.-
Bahnsteigplatte und Belag	m	48o	96o	1 28o	3o.-	14 4oo.-	28 8oo.-	38 4oo.-
Summe						149 6oo.-	3o9 5oo.-	466 6oo.-
Baustelle+Nebenarbeiten (15%)						22 4oo.-	46 5oo.-	7o 4oo.-
2 Bahnsteige						172 ooo.-	356 ooo.-	537 ooo.-
Treppenlage: Feste Treppen	St.	2	-	-	12 ooo.-	24 ooo.-	-	-
		-	4	-	13 ooo.-	-	52 ooo.-	-
		-	-	4	13 5oo.-	-	-	54 ooo.-
		2	-	-	115 ooo.-	23o ooo.-	-	-
Fahrtreppen	St.	-	2	-	13o ooo.-	-	26o ooo.-	-
		-	-	2	132 5oo.-	-	-	265 ooo.-
Bahnhofüberdachung	m²	65o	1 6oo	2 4oo	17o.-	11o ooo.-	272 ooo.-	4o8 ooo.-
Empfangsgebäude	m³	-	(24o)(3oo)	1 5oo	8o.-	-	96 ooo.-	12o ooo.-
Haltestelle bzw. Bahnhof (Zuschlag zu den Kosten der durchgehenden Strecke)						536 ooo.-	1 o36 ooo.-	1 384 ooo.-
Durchgehende 2-gleisige Strecke	m	6o			4 392.-	264 ooo.-		
	m		12o		4 548.-		546 ooo.-	
	m			16o	5 228.-			837 ooo.-
Haltestelle bzw. Bahnhof (Gesamte Rohbaukosten)						8oo ooo.-	1 582 ooo.-	2 221 ooo.-

Tabelle 5o. Hochbahn auf Pfeilern, Baukosten der Bahnhöfe

Gegenstand	Schnellstraßenbahn					U-Bahn		S-Bahn			
	Geländebahn			Offene Tiefbahn Hochbahn	Tunnel- tief- bahn	Außen- bahn- steig	Insel- bahn- steig	Offene		Tunnel-	
	ohne	mit						Strecke			
	besonderen(m)	eigenem						Außen-	Insel-	Außen-	Insel-
	Bahnkörper							bahnsteig		bahnsteig	
1	2	3	4	5	6	7	8	9	10	11	12
Kehrgleislänge											
mit Zufahrten ohne Weichenlängen m	82	82	82	54	267	95	100	130	170	130	170
Weichen Zahl	2	2	2	5	2	3	3	3	3	3	3
Kreuzungen Zahl	1	1	1	–	–	–	–	–	–	–	–
Signale Zahl	–	–	–	2	2	2	2	2	2	2	2
Fahrleitung m	150	150	150	154	291	–	–	325	340	325	340
Stromschiene m	–	–	–	–	–	230	270	–	–	–	–
Kosten in DM:											
Oberbau, Gleise	12 300	12 300	12 300	8 100	40 100	15 200	16 000	20 800	27 200	20 800	27 200
Weichen	14 000	14 000	14 000	35 000	14 000	45 000	45 000	45 000	45 000	45 000	45 000
Kreuzungen	11 200	11 200	11 200	–	–	–	–	–			
Zuschlag für Oberbau im Straßenraum	7 600	4 300	–	–	–	–	–	–			
Signale	–	–	–	14 000	14 000	14 000	14 000	14 000	14 000	14 000	14 000
Fahrleitung	6 200	6 200	6 200	6 300	11 900	–	–	8 125	8 500	10 075	12 920
Stromschiene	–	–	–	–	–	25 300	29 700	–	–	–	–
Nebenarbeiten	300	300	300	–	–	500	300	75	100	125	380
Insgesamt	51 600	48 300	44 000	63 400	80 000	100 000	105 000	88 000	94 000	90 000	99 500

Tabelle 51. Oberbau-, Signal- und Fahrleitungskosten für Kehrgleise und Gleisverbindungen

Raumlage der Bahn / Gegenstand	Schnellstraßenbahn			U-Bahn			S-Bahn		
	Anzahl	Einzel-	Gesamt-	Anzahl	Einzel-	Gesamt-	Anzahl	Einzel-	Gesamt-
		kosten in DM			kosten in DM			kosten in DM	
1	2	3	4	5	6	7	8	9	10
Bahn im Straßenraum									
ohne besonderen Bahnkörper									
Grunderwerb	380 m^2	200	76 000						
Erdarbeiten	67 m	25	1 680						
Straßenaufbruch und Wiederherstellung	48 m	2,50	120						
Oberbau und Fahrleitung			51 600						
Summe			129 400						
Bahn im Straßenraum									
mit besonderem Bahnkörper									
Grunderwerb	320 m^2	200	64 000						
Erdarbeiten	57 m	25	1 400						
Straßenaufbruch und Wiederherstellung	32 m	2,5	80						
	10 m	2,0	20						
Oberbau und Fahrleitung			48 300						
Summe			113 800						
Geländebahn									
mit eigenem Bahnkörper									
Grunderwerb	1 300 m^2	7	9 100	3,25 · 213 m	7	4 900	4,0 · 293 m	7	8 400
Erdarbeiten	75 m	25	1 875	213 m	28	6 000	293 m	35	10 300
Durchlässe	17 m	25	425	-	-	-			-
Nebenarbeiten			300			-			-
Oberbau, Signale, Fahrleitung			44 000			100 000			88 000
Summe			55 700			110 900			106 700
Tiefbahn zwischen Böschungen									
Grunderwerb	422 m^2	7	2 950			4 900			8 400
Erdarbeiten	2 532 m^3	4,80	12 150	3,25·5,5·213	5,75	21 900	4,0·7,3·293	5,75	48 900
Oberbau, Signale, Fahrleitung			63 400			100 000			88 000
Summe			78 500			126 800			145 300
Tiefbahn zwischen Stützmauern									
Grunderwerb	422 m^2	80	33 750	700 m^2	80	56 000	1 200 m^2	80	96 000
Erdarbeiten			12 150			21 900			48 900
Oberbau, Signale, Fahrleitung			63 400			100 000			88 000
Summe			109 300			177 900			232 900
Tiefbahn im Trog									
Grunderwerb			33 750			56 000			96 000
Aushub für Wände			12 150			21 900			48 900
Aushub für Sohle	490 m^3	6	2 940	796 m^3	6	4 800	1 815 m^3	6	10 900
Mittelrammträger	485 m^2	75	36 380	7,8/2 · 213	75	62 300			-
Aussteifung	513 m^2	15	7 700	4,9 · 213	15	15 600	6,0 · 293	15	26 300
Sohlenschutzschicht	422 m^2	10	4 220	700 m^2	10	7 000	1 200 m^2	10	12 000
Dichtung	42 m^2	16	6 750	700 m^2	16	11 200	1 200 m^2	16	19 200
Sohlenbeton	490 m^3	70	34 300	796 m^3	70	55 800	1 815 m^3	70	127 000
Rundstahl	22,1 t	800	17 680	36 t	800	28 800	82 t	800	65 600
Baustelleneinrichtung			18 280			31 200			46 500
Grundwasserabsenkung	114 m	125	14 250	213 m	160	34 000	293 m	200	58 600
Oberbau, Signale, Fahrleitung			63 400			100 000			88 000
Summe			251 800			428 600			599 000
Dammbahn									
Grunderwerb				700 m^2	7	4 900	1 200 m^2	7	8 400
Erdarbeiten				3 740 m^3	7,50	28 000	6 700 m^3	7,50	50 200
Oberbau, Signale, Fahrleitung						100 000			88 000
Summe						132 900			146 600
Hochbahn auf Stützmauern									
Grunderwerb				700 m^2	80	56 000	1 200 m^2	80	96 000
Erdarbeiten						28 000			50 200
Oberbau, Signale, Fahrleitung						100 000			88 000
Summe						184 000			234 200
Pfeilerbahn									
Grunderwerb	0,7 · 114 m	200	16 000	0,7 · 213 m	200	29 800	0,75·293 m	200	44 000
Betonarbeiten	114 m	4392/2	250 300	213 m	4548/2	485 000	293 m	5228/2	765 000
Oberbau, Signale, Fahrleitung			63 400			100 000			88 000
Summe			329 700			614 800			897 000

Tabelle 52. Geländebahn, Offene Tiefbahn und Hochbahn, Baukosten der Kehrgleise

Raumlage der Bahn	Bahn-art 1)	Kehr-gleis-abschnitt	Rohbaukosten			
			Durchgehende 2-gl. Strecke		Kehrgleisabschnitt	
			Einheits-kosten	Gesamtkosten für die Länge des Kehrgleis-abschnitts	ohne	mit
					Durchgehende 2-gl. Strecke (Tabelle 52)	
		m	DM/m	DM	DM	DM
1	2	3	4	5	6	7
Bahn im Straßenraum						
ohne besonderen Bahnkörper	T	(60)		–	47 100	
mit besonderem Bahnkörper	T	(60)		–	51 800	
Geländebahn						
mit eigenem Bahnkörper	T	62	93	5 800	55 700	61 500
	U	213	89	19 000	110 900	129 900
	S	293	106	31 100	106 700	137 800
Tiefbahn						
zwischen Böschungen	T	114	838	95 500	78 500	174 000
	U	213	741	157 800	126 800	284 600
	S	293	1 029	301 500	145 300	446 800
zwischen Stützmauern	T	114	5 016	571 800	109 300	681 100
	U	213	4 021	856 500	177 900	1 034 400
	S	293	6 184	1 811 900	232 900	2 044 800
im Trog	T	114	6 041	688 700	251 800	940 500
	U	213	5 907	1 258 200	428 600	1 686 800
	S	293	8 593	2 517 700	599 000	3 116 700
Hochbahn						
Damm	U	213	483	102 900	132 900	235 800
	S	293	558	163 500	146 600	310 100
Stützmauern	U	213	3 028	645 000	184 000	829 000
	S	293	3 263	956 100	234 200	1 190 300
Pfeiler	T	114	4 392	500 700	329 700	830 400
	U	213	4 548	968 700	614 800	1 583 500
	S	293	5 228	1 531 800	897 000	2 428 800

Anmerkung: 1) T = Schnellstraßenbahn, U = U-Bahn, S = S-Bahn

Tabelle 53. Geländebahn, Offene Tiefbahn, Hochbahn. Gesamte Rohbaukosten der Kehrgleisabschnitte

Gegenstand	Bahnsteige ohne Fahrtreppe		Übergang: Bahnsteig-Strecke		Übergang: Kehrgleis-Strecke		Wendeschleife	
	Baukosten je m in DM						in Mio DM	
	ohne	im	ohne	im	ohne	im	ohne	im
	Grundwasser							
1	2	3	4	5	6	7	8	9
1) Erd- und Felsarbeiten	1 720.-	1 880.-	1 090.-	1 120.-	1 655.-	1 760.-	0,101	0,103
2) Auszimmerung	2 775.-	2 890.-	1 810.-	1 840.-	2 555.-	2 710.-	0,316	0,319
3) Betonarbeiten	4 140.-	5 370.-	2 735.-	2 900.-	4 021.-	4 455.-	0,667	0,702
4) Baustelleneinrichtung Nebenarbeiten	1 295.-	1 510.-	850.-	880.-	1 232.-	1 340.-	0,163	0,169
5) Innenausbau	1 400.-	1 400.-	-	-	-	-	-	-
6) Wasserhaltung	75.-	2 700.-	65.-	1 400.-	90.-	2 360.-	0,015	0,389
Insgesamt	11 405.-	15 750.-	6 550.-	8 140.-	9 553.-	12 625	1,262	1,682

Tabelle 54. Schnellstraßenbahn, Baukosten des Unterpflasterbahnhofs (Außenbahnsteige ohne Quertunnel) Baumethode: Rammträgerbohlwand mit Fahrbahnabdeckung

Gegenstand	Bahnsteig 2 Fahrtreppen		Vorraum		Übergang Bahnsteig-Strecke		Übergang Kehrgleis-Strecke		Wendeschleife	
	Baukosten je m in DM								in Mio DM	
	ohne	im	ohne	im	ohne	im	ohne	im	ohne	im
	Grundwasser									
1	2	3	4	5	6	7	8	9	1o	11
1) Erd- und Felsarbeiten	1 96o.-	2 11o.-	2 23o.-	2 45o.-	1 11o.-	1 12o.-	2 13o.-	2 16o.-	0,101	0,103
2) Auszimmerung	2 975.-	3 285.-	4 36o.-	4 52o.-	1 93o.-	1 96o.-	3 29o.-	3 358.-	0,316	0,319
3) Betonarbeiten	4 65o.-	6 79o.-	6 55o.-	8 1oo.-	2 71o.-	2 977.-	5 17o.-	5 485.-	0,667	0,702
4) Baustelleneinrichtung Nebenarbeiten	1 47o.-	1 36o.-	1 97o.-	2 27o.-	865.-	91o.-	1 58o.-	1 645.-	0,163	0,169
5) Innenausbau	5 75o.-	5 75o.-	2 5oo.-	2 5oo.-	-	-	-	-	-	
6) Wasserhaltung	75.-	3 1oo.-	75.-	3 1oo.-	65.-	1 6oo.-	12o.-	3 3oo.-	0,015	0,389
Insgesamt	16 88o.-	22 395.-	17 685.-	22 94o.-	6 68o.-	8 567.-	12 29o.-	15 948.-	1,262	1,682

Tabelle 55. Schnellstrassenbahn, Baukosten des Unterpflasterbahnhofs (Aussenbahnsteige mit Quertunnel)
Baumethode: Rammträgerbohlwand mit Fahrbahnabdeckung

Gegenstand	Bahnsteige Ohne Fahrtreppen		Vorräume		Übergang Bahnsteig-Strecke		Übergang Kehrgleis-Strecke		Kehrgleis	
	Baukosten je m in DM									
	ohne	im	ohne	im	ohne	im	ohne	im	ohne	im
	Grundwasser									
1	2	3	4	5	6	7	8	9	1o	11
1) Erd- und Felsarbeiten	1 7oo.-	1 85o.-	2 1oo.-	2 2oo.-	1 1oo.-	1 14o.-	1 2oo.-	1 26o.-	1 4oo.-	1 49o.-
2) Auszimmerung	2 75o.-	2 86o.-	3 2oo.-	3 3oo.-	1 78o.-	1 92o.-	2 13o.-	2 24o.-	2 38o.-	2 45o.-'
3) Betonarbeiten	4 1oo.-	5 25o.-	6 7oo.-	7 8oo.-	2 66o.-	3 5oo.-	3 115.-	3 865.-	3 ooo.-	3 9oo.-
4) Baustelleneinrichtung Nebenarbeiten	1 28o.-	1 5oo.-	1 8oo.-	2 ooo.-	835.-	98o.-	97o.-	1 1oo.-	1 o2o.-	1 17o.-
5) Innenausbau	1 98o.-	1 98o.-	1 58o.-	1 58o.-	-	-	-	-	-	-
6) Wasserhaltung	75.-	2 7oo.-	75.-	2 7oo.-	65.-	1 4oo.-	7o.-	1 75o.-	7o.-	2 4oo.-
Insgesamt	11 885.-	16 14o.-	15 455.-	19 58o.-	6 44o.-	8 84o.-	7 485.-	1o 215.-	7 87o.-	11 41o.-

Tabelle 56. U-Bahn, Baukosten des Unterpflasterbahnhofs (Aussenbahnsteige ohne Quertunnel)
Baumethode: Rammträgerbohlwand mit Fahrbahnabdeckung

Gegenstand	Bahnsteig 2 Fahrtreppen		Vorräume		Übergang: Bahnsteig-Strecke		Kehrgleis	
	Baukosten je m in DM							
	ohne	im	ohne	im	ohne	im	ohne	im
	Grundwasser							
1	2	3	4	5	6	7	8	9
1) Erd- und Felsarbeiten	1 79o.-	1 9o5.-	1 77o.-	1 965.-	1 38o.-	1 45o.-	1 5oo.-	1 61o.-
2) Auszimmerung	2 86o.-	3 23o.-	3 16o.-	3 425.-	2 1oo.-	2 25o.-	2 5oo.-	2 65o.-
3) Betonarbeiten	4 18o.-	6 32o.-	4 87o.-	6 36o.-	3 1oo.-	4 o6o.-	3 2oo.-	4 4oo.-
4) Baustelleneinrichtung Nebenarbeiten	1 33o.-	1 72o.-	1 47o.-	1 77o.-	98o.-	1 17o.-	1 o8o.-	1 3oo.-
5) Innenausbau	3 65o.-	3 65o.-	1 65o.-	1 65o.-	-	-	-	-
6) Wasserhaltung	75.-	3 1oo.-	75.-	3 1oo.-	65.-	2 1oo.-	7o.-	2 7oo.-
Insgesamt	13 885.-	19 925.-	12 995.-	18 27o.-	7 625.-	11 o3o.-	8 35o.-	12 66o.-

Tabelle 57. U-Bahn, Baukosten des Unterpflasterbahnhofs (Inselbahnsteig mit Quertunnel)
Baumethode: Rammträgerbohlwand mit Fahrbahnabdeckung

Gegenstand	Bahnsteig ohne Fahrtreppen		Vorräume		Übergang: Bahnsteig-Strecke		Kehrgleis	
	Baukosten je m in M							
	Ohne	im	ohne	im	ohne	im	ohne	im
	Grundwasser							
1	2	3	4	5	6	7	8	9
1) Erd- und Felsarbeiten	1 640.-	1 810.-	1 480.-	1 550.-	1 270.-	1 310.-	1 400.-	1 490.-
2) Auszimmerung	2 730.-	2 820.-	2 590.-	2 620.-	1 930.-	1 990.-	2 380.-	2 450.-
3) Betonarbeiten	4 000.-	5 100.-	3 950.-	4 460.-	3 015.-	3 340.-	3 000.-	3 900.-
4) Baustelleneinrichtung Nebenarbeiten	1 250.-	1 460.-	1 200.-	1 300.-	930.-	1 000.-	1 020.-	1 170.-
5) Innenausbau	2 030.-	2 030.-	1 000.-	1 000.-	-	-	-	-
6) Wasserhaltung	75.-	2 700.-	75.-	2 700.-	70.-	1 750.-	70.-	2 400.-
Insgesamt	11 725.-	15 920.-	1o 295.-	13 630.-	7 215.-	9 390.-	7 870.-	11 410.-

Tabelle 58. U-Bahn, Baukosten des Unterpflasterbahnhofs (Inselbahnsteig ohne Quertunnel)
Baumethode: Rammträgerbohlwand mit Fahrbahnabdeckung

Gegenstand (Einzelpositionen s. Tabelle 61)	Bahnsteig 2 Fahrtreppen		Vorräume		Übergang: Bahnsteig-Strecke		Kehrgleis	
	Baukosten je m in DM							
	ohne	im	ohne	im	ohne	im	ohne	im
				Grundwasser				
1	12	13	14	15	16	17	18	19
1) Erd- und Felsarbeiten	2 185.-	2 296.-	2 158.-	2 338.-	1 659.-	1 743.-	1 960.-	2 123.-
2) Auszimmerung	3 916.-	4 o91.-	3 848.-	4 o79.-	2 883.-	3 153.-	3 676.-	3 84o.-
3) Betonarbeiten	6 657.-	8 439.-	6 868.-	9 o17.-	4 138.-	4 97o.-	4 6o9.-	7 5o9.-
4) Baustelleneinrichtung Nebenarbeiten (15% von Summe 1-3)	1 914.-	2 224.-	1 931.-	2 315.-	1 3o2.-	1 48o.-	1 537.-	2 o21.-
5) Innenausbau (einschliesslich 1o% für Nebenarbeiten)	4 235.-	4 235.-	2 166.-	2 166.-	-	-	-	-
6) Wasserhaltung	75.-	3 4oo.-	75.-	3 4oo.-	65.-	2 7oo.-	68.-	3 1oo.-
Insgesamt	18 982.-	24 685.-	17 o46.-	23 315.-	1o o47.-	14 o46.-	11 85o.-	18 593.-

Tabelle 59. S-Bahn, Baukosten des Unterpflasterbahnhofs (Inselbahnsteig mit Quertunnel)
Baumethode: Rammträgerbohlwand mit Fahrbahnabdeckung

Gegenstand	Bahnsteige ohne Fahrtreppen		Vorräume		Übergang: Bahnsteig-Strecke		Übergang: Kehrgleis-Strecke		Kehrgleis	
	Baukosten je m in DM									
	ohne	im	ohne	im	ohne	im	ohne	im	ohne	im
	Grundwasser									
1	2	3	4	5	6	7	8	9	lo	11
1) Erd- und Felsarbeiten	2 o6o.-	2 22o.-	2 6o7.-	2 73o.-	1 44o.-	1 545.-	1 647.-	1 766.-	1 82o.-	1 985.-
2) Auszimmerung	3 8oo.-	3 92o.-	3 72o.-	3 835.-	2 565.-	2 679.-	2 676.-	2 79o.-	3 555.-	3 72o.-
3) Betonarbeiten	6 248.-	7 854.-	7 81o.-	9 47o.-	4 o1o.-	4 87o.-	3 91o.-	5 o7o.-	4 45o.-	6 745.-
4) Baustellen-einrichtung Nebenarbeiten	1 82o.-	2 1oo.-	2 13o.-	2 4oo.-	1 21o.-	1 36o.-	1 23o.-	1 44o.-	1 47o.-	1 88o.-
5) Innenausbau	2 47o.-	2 47o.-	1 97o.-	1 97o.-	-	-	-	-	-	-
6) Wasserhaltung	75.-	3 1oo.-	75.-	3 1oo.-	65.-	1 6oo.-	7o.-	2 ooo.-	7o.-	2 7oo.-
Insgesamt	16 473.-	21 664.-	18 312.-	23 5o5.-	9 29o.-	12 o54.-	9 533.-	13 o66.-	11 365.-	17 o3o.-

Tabelle 6o. S-Bahn, Baukosten des Unterpflasterbahnhofs (Aussenbahnsteig ohne Quertunnel)
Baumethode: Rammträgerbohlwand mit Fahrbahnabdeckung

Additional material from *Nahverkehrsbahnen der Grosstädte*
ISBN 978-3-642-52774-6 (978-3-642-52774-6_OSFO3),
is available at http://extras.springer.com

Gegenstand	Strassenbahn				U-Bahn				S-Bahn	
	Grundlagen									
	5 Strassenbahnbetriebe in Großstädten 743 Betriebs-km 2 263 Triebwagen = 3,1 Fz/km 2 619 Beiwagen = 3,5 Fz/km 4 882 Wagen insges. = 6,6 Fz/km				U-Bahn Berlin 80,16 Betriebs-km 550 Triebwagen = 6,9 Fz/km 550 Beiwagen = 6,9 Fz/km 1 100 Wagen insges. = 13,8 Fz/km				wie U-Bahn Berlin Annahme: Wagenpark S-Bahn wegen höherer Zuggeschwindigkeit 80% des U-Bahnwagenparks = 11 Fz/km; nur 50% der Züge in Wagenhallen abgestellt	
	Anlagekosten									
	1938 Mio RM	1953 Mio DM	je Wagen DM	je Betriebs-km DM	Anzahl 1930	Kosten 1953 Mio DM	je Wagen DM	je Betriebs-km DM	je Wagen DM	je Betriebs - km DM
1	2	3	4	5	6	7	8	9	lo	11
1) Betriebs- und Verwaltungsgebäude										
Wagen- und Revisionshallen					59 300 m²	11,2	lo 2oo		5 loo	
Werkstatthallen					17 600 m²	4,5	4 loo		4 loo	
Werkstätten					3 2oo m²	o,7	64o		64o	
Lager					1 7oo m²	o,4	36o		36o	
Dienstgebäude					2o 7oo m²	o,6	55o		55o	
Verwaltungsgebäude					6 3oo m²	o,3	27o		27o	
Wege					4,1 km	o,5	45o		45o	
Insgesamt	42,8	98,5	2o loo	133 ooo		18,2	16 57o	228 ooo	11 47o	126 ooo
2) Gleisanlagen										
Gleise und Weichen	143,2	Strecke+Bbf, davon 11% für Bbf			3o,8 km 245 WE	4,7				
Signalanlagen						2,5				
Elektrische Streckenausrüstung	26,3					o,4				
	(169,5	39o,o)								
Insgesamt		43,o	8 8oo	58 ooo		7,6	6 9oo	95 ooo		95 ooo
3) Werkstattmaschinen und maschinelle Anlagen	5,1	11,8	2 4oo				2 9oo		2 9oo	
Werkzeuge, Betriebs- und Geschäftsausstattung	6,5	15,o	3 o7o 5 48o	36 ooo			3 7oo 6 6oo	91 ooo	3 7oo 6 6oo	73 ooo
Insgesamt				227 ooo				414 ooo		294 ooo

Tabelle 63. Gesamte und kilometrische Anlagekosten der Betriebsbahnhöfe, Werkstätten und Verwaltungsgebäude

Leitungen Art	Durch- messer mm	Provisorische Verlegungs- länge auf 7o m S-Bahn- tunnel m	Einheits- RM/m	Gesamt- RM
kosten 1936				
1	2	3	4	5
Entwässerung	8oo	9,5	55.-	52o.-
	25o	16,5	2o.-	33o.-
	2oo	48,o	15.-	72o.-
	15o	48,o	12.-	58o.-
Gasrohr	25o	9,5	12.-	11o.-
Kabelkanäle		5o,o	4o.-	2000.-
Wasserrohr	45o	48,o	23.-	11oo.-
Rohrpost	8o	48,o	8.-	39o.-
Pressgas	2oo	1oo,o	2o.-	2000.-
Insgesamt für 7o m Tunnel				775o.-
Durchschnitt für 1 m Tunnel (1936)				11o.- RM
(1953)				2oo.- DM

Tabelle 64.
Art, Umfang und Kosten der vorübergehenden Verlegung
(Sicherung) von städtischen Leitungen beim Bau eines
7o m langen S-Bahntunnels,   Saarlandstrasse Berlin

Stadtgebiet	Schnell- straßen- bahn	U-Bahn	S-Bahn
1	2	3	4
Anteil in % gegenüber U-Bahnbau Saarlandstraße Berlin			
Innenstadt	8o	1oo	15o
Vorstadt	4o	5o	75
Aussenbezirk	o	1o	15
Kosten in DM je lfdm Tunnel			
Innenstadt	16o.-	2oo.-	3oo.-
Vorstadt	8o.-	1oo.-	15o.-
Aussenbezirk	-	2o.-	3o.-

Tabelle 65.
Annahmen für den Umfang der Verlegung von
städtischen Leitungen   im Vergleich zum
S-Bahnbau in der   Saarlandstrasse Berlin

Anlagetitel	Jährlicher Unterhaltungssatz in % der Bausumme
1	2
II Herstellung des Bahnkörpers	
bei überwiegend Erdarbeiten	0,6
bei überwiegend Kunstbauten	1,5
III Wegübergänge	0,8
IV Tunnelbahnen	0,6
Untergrundbahnen	0,4
V Oberbau	6,2
VI Signalanlagen	3,9
VII Elektrische Streckenausrüstung	2,0
VIII Fernmeldeanlagen	4,6
IX Bahnhöfe	1,5
X Betriebsbahnhöfe	1,5
XI Außergewöhnliche Anlagen	1,0

Tabelle 66. Unterhaltungssätze für die einzelnen
Anlagen bis zur Aufnahme des Betriebes

Bahnart	Annahme für Bauzeit Monate	$b = \frac{1}{2}\, p \cdot \frac{\text{Monate}}{12}$ %
1	2	3
Geländebahn		
Tiefbahn mit Böschungen	8	$\frac{6}{100\cdot2} \times \frac{8}{12} = 2\ \%$
Dammbahn		
Offene Tiefbahn mit Kunstbauten		$\frac{6}{100\cdot2} \times \frac{16}{12} = 4\ \%$
Hochbahn mit Kunstbauten	16	
Tunneltiefbahn	24	$\frac{6}{100\cdot2} \times \frac{24}{12} = 6\ \%$
Anmerkung: Zinsfuß: p' = 5,5 % Spesen = 0,5 % Insgesamt p = 6,0 % Bauzinsen zur Hälfte eingesetzt wegen allmählichen Anwachsens des Baukapitals		

Tabelle 67. Bauzinsen

An- lage- titel	Gegenstand	Höchste rechnungs- mäßige Lebensdauer in Jahren	
		Schnell- straßen- bahn	U-Bahn und S-Bahn
1	2	3	4

11	Herstellung des Bahnkörpers:
	  Geländebahn außerhalb des Straßenraums
	  Tiefbahn im Einschnitt
	  Tiefbahn zwischen Stützmauern/im Trog
	  Hochbahn auf Damm
	  Hochbahn auf Stützmauern
	  Hochbahn auf Pfeilern
		
		loo
		loo
		9o/7o
		loo
		9o
		8o	

111	Wegübergänge:
	  Wegübergänge in Schienenhöhe
	  Unter- und Überführungen
	  Seitenwege
		
		3o
		
		(4o)
			
			-
			9o

1V	Tunnel und Untergrundbahnen
	  ohne Grundwasser
	  im Grundwasser
		
		9o
		7o	

V	Oberbau:
	  ohne eigenen Bahnkörper
	  mit eigenem Bahnkörper
		
		2o
		25
			
			16

V1	Signalanlagen	35	

V11	Elektrische Streckenausrüstung
	  Fahrleitungen, Speiseleitungen
	  Unterwerke, Schaltposten
		
		4o	

V111	Fernmeldeanlagen	25	
1X	Haltestellen und Bahnhöfe	6o	

X	Betriebsbahnhöfe und Verwaltungsgebäude
	  Gebäude
	  Gleisanlagen
	  Maschinelle Einrichtung
		
		7o
		25
		3o	

X1	Außergewöhnliche Anlagen
	  Verlegung von städtischen Leitungen
	  Gebäudesicherungen, -unterfahrungen
	    ohne Grundwasser
	    im Grundwasser
		
		(6o)
		
		9o
		7o	

X11	Unterhaltung der Anlagen bis zur Betriebseröffnung	entfällt	
X111	Bauzinsen	entfällt	
X1V	Planung, Bauleitung, Verwaltung	entfällt	

Tabelle 68
Lebensdauer der einzelnen Bauteile von Stadtschnellbahnen

ÜBERSICHT

ÜBER DIE BISHER ERSCHIENENEN FORSCHUNGSHEFTE

DES INSTITUTS

Sämtliche Hefte sind wieder lieferbar

Heft 1: **Die Probleme und das Verkehrsbedürfnis im Luftverkehr.**

Von Prof.Dr.-Ing. C a r l P i r a t h . Mit 12 Abbildungen, 7 Tabellen.
35 Seiten. 4⁰. 1929.   DM 4.-

Heft 2: **Gestaltung des Weltluftverkehrsnetzes und seiner Flughafenanlagen.**

Mit 42 Abbildungen, 5 Tabellen. 75 Seiten. 4⁰. 1930.   DM 8.-
I n h a l t : Die Gestaltung des Weltluftverkehrsnetzes nach wirtschaft-
lichen und betriebstechnischen Gesichtspunkten. Von Prof.Dr.-Ing.
C a r l P i r a t h . Die Verkehrsflughäfen als Betriebszellen des
Weltluftverkehrsnetzes. Von Prof.Dr.-Ing. C a r l P i r a t h . Die be-
triebswirtschaftlichen Grundlagen für die Anlage und Ausgestaltung von
Verkehrsflughäfen. Von Dr.-Ing. R i c h a r d B r a n d t .

Heft 3: **Grundlagen und Stand der Wirtschaftlichkeit im Luftverkehr.**

Mit 9 Abbildungen, 31 Tabellen. 91 Seiten. 4⁰. 1930.   DM 8.-
I n h a l t : Der Stand der Luftverkehrswirtschaft. Von Prof.Dr.-Ing.
C a r l P i r a t h . Die vom Standpunkt des Verkehrs an den Bau von
Flugzeugen zu stellenden Forderungen. Von Prof.Dr.-Ing. C a r l
P i r a t h . Die Selbstkosten im Luftverkehr. Von Regierungsbaumeister
M a x J a c o b s h a g e n . Preisbildung und Subvention im Luftver-
kehr. Von Prof.Dr.-Ing. C a r l P i r a t h . Der wirtschaftliche Wert
von Ersparnissen am Flugzeugleergewicht. Von Dr.-Ing. F r i t z
W e r t e n s o n .

Heft 4: **Die Luftverkehrswirtschaft in Europa und in den**
Vereinigten Staaten von Amerika.

Von Prof.Dr.-Ing. C a r l P i r a t h . Mit 45 Abbildungen, 35 Tabellen. 105 Seiten. 4⁰. 1931.   DM 8.-

Heft 5: **Die Hochstraßen des Weltluftverkehrs.**

Von Prof.Dr.-Ing. C a r l P i r a t h . Mit 5 Abbildungen, 27 Tabellen.
47 Seiten. 4⁰. 1932.   DM 6.-

Heft 6: **Die Grundlagen der Flugsicherung.**

Mit 27 Abbildungen. 116 Seiten. 4⁰. 1933.   DM 8.-
I n h a l t : Die Probleme der Flugsicherung. Von Prof.Dr.-Ing. C a r l
P i r a t h . Die Flugsicherung im europäischen Luftverkehr. Von Re-
gierungsbaurat Dr.-Ing. F r i e d r i c h W i l h e l m P e t z e l
Die Flugsicherung in den Vereinigten Staaten von Amerika. Von Dr.-Ing.
E d g a r R ö ß g e r .

Heft 7: **Der private Luftverkehr.**

Mit 21 Abbildungen. 73 Seiten. 4⁰. 1934.   DM 8.-
I n h a l t : Die Entwicklungsgrundlagen des privaten Luftverkehrs. Von
Prof.Dr.-Ing. C a r l P i r a t h . Betriebs- und verkehrswirtschaft-
liche Untersuchung des Sport- und privaten Reiseflugs. Von Dr.-Ing.
H e l m u t K ü b l e r .

Heft 8: **Der Schnellverkehr in der Luft und seine Stellung im**
neuzeitlichen Verkehrswesen.

Mit 31 Abbildungen. 73 Seiten. 4⁰. 1935.   DM 8.-
I n h a l t : Die allgemeinen Grundlagen des Schnellverkehrs in der Luft.
Von Prof.Dr.-Ing. C a r l P i r a t h . Betriebs- und verkehrswirt-
schaftliche Untersuchungen über den Schnellverkehr in der Luft. Von
Dr.-Ing. H e r b e r t Z ö l l n e r .

Heft 9: **Konjunktur und Luftverkehr.**

Von Prof.Dr.-Ing. C a r l P i r a t h . Mit 32 Abbildungen. 58 Seiten.
4⁰. 1935.   DM 8.-

Heft 10: **Der Nachtluftverkehr. Grundlagen und Wirkungsbereich.**

Von Prof.Dr.-Ing. C a r l P i r a t h . Mit 31 Abbildungen. 65 Seiten.
4⁰. 1936.   DM 8.-

Heft 11: **Flughäfen. Raumlage. Betrieb und Gestaltung.**

Mit 42 Abbildungen. 79 Seiten. 4⁰. 1937.   DM 8.-
I n h a l t : Die Flughäfen im Raumsystem der Luftverkehrsnetze. Von
Prof.Dr.-Ing. C a r l P i r a t h . Die Ausgestaltung der Flughäfen
in Abhängigkeit von den Flug- und Abfertigungsvorgängen. Von Dr.-Ing.
K a r l G e r l a c h .

Heft 12: **Der Weltluftverkehr. Elemente des Aufbaus.**

Von Prof.Dr.-Ing. C a r l P i r a t h . Mit 36 Abbildungen. 80 Seiten.
4⁰. 1938.   DM 6.-

Heft 13: **Flughäfen. Entwicklungslage und Flugsicherung.**

Mit 72 Abbildungen. 88 Seiten. 4⁰. 1939.   DM 7.50
I n h a l t : Die Entwicklungslage im Flughafenwesen. Von Prof.Dr.-Ing.
C a r l P i r a t h . Die flugsicherungstechnischen Einrichtungen des
Schlechtwetterlandedienstes und ihre Bedeutung für Bodenorganisation
und Luftverkehr. Von Regierungsbaurat Dr.-Ing. H a n s - J o a c h i m
Z e t z m a n n .

Heft 14: **Zwanzig Jahre Luftverkehr und Probleme des Streckenflugs.**

Mit 93 Abbildungen. 113 Seiten. 4⁰. 1940.   DM 8.-
I n h a l t : Zehn Jahre Forschungsarbeit des Verkehrswissenschaftlichen
Instituts für Luftfahrt. Von Prof.Dr.-Ing. C a r l P i r a t h . Zwanzig
Jahre planmäßiger Luftverkehr. Von Prof.Dr.-Ing. C a r l P i r a t h .
Einfluß der Höhenlage und Richtung des Fluges auf die Sicherheit und
Leistungsfähigkeit im Streckenflug. Von Dr.-Ing. O t t o K i m m e r l e .

Heft 15: **Der europäische Luftverkehr in Planung und Gestaltung.**

Mit 25 Abbildungen. 57 Seiten. 4⁰. 1952.   DM 16.50
I n h a l t : Die Voraussetzungen und Möglichkeiten des europäischen
Luftverkehrs. Von Prof.Dr.-Ing. C a r l P i r a t h . Die Gestaltung
der Flughäfen. Von Dr.-Ing. C a r l E. G e r l a c h .

Heft 16: **Die Verkehrsteilung Schiene – Straße in landwirtschaftlichen
Gebieten und ihre volkswirtschaftliche Bedeutung.**

Von Prof.Dr.-Ing. C a r l P i r a t h . Mit 71 Abbildungen im Text
und auf 15 Tafeln, 10 Tabellen, 56 Seiten. 4⁰. 1954.   DM 12.-

Heft 17: **Technische und wirtschaftliche Voraussetzungen für
den Hubschrauberverkehr.**

Mit 45 Abbildungen, 16 Tabellen. 4⁰. 1956.   DM 12.-
Herausgegeben von Prof.Dr.-Ing. W a l t h e r L a m b e r t .
I n h a l t : Die Voraussetzungen und Möglichkeiten des Hubschrauberverkehrs. Von Prof.Dr.-Ing. C a r l P i r a t h † . Raumlage und Gestaltung von Hubschrauberflughäfen. Von Dr.-Ing. C a r l E. G e r l a c h .

Julius Wagner, Lichtpausbetrieb

STUTTGART-BAD CANNSTATT, Schönestr. 23 · Tel. 51377